如何轻松过一天

科学 100 招告别焦虑

[日] 堀田秀吾 著
范宏涛 译　吴蒙爱 校译

中信出版集团 | 北京

图书在版编目（CIP）数据

如何轻松过一天：科学 100 招告别焦虑 /（日）堀田秀吾著；范宏涛译 . ——北京：中信出版社，2022.10（2025.11重印）
ISBN 978-7-5217-4575-7

Ⅰ. ①如… Ⅱ. ①堀… ②范… Ⅲ. ①焦虑—心理调节—通俗读物 Ⅳ. ①B842.6-49

中国版本图书馆 CIP 数据核字 (2022) 第 128416 号

如何轻松过一天：科学100招告别焦虑

著　　者：［日］堀田秀吾
译　　者：范宏涛
出版发行：中信出版集团股份有限公司
（北京市朝阳区东三环北路27号嘉铭中心　邮编　100020）
承 印 者：嘉业印刷（天津）有限公司

开　　本：787mm × 1092mm　1/32　　印　　张：7.25　　字　　数：105千字
版　　次：2022年10月第1版　　印　　次：2025年11月第7次印刷
京权图字：01-2022-5032
书　　号：ISBN 978-7-5217-4575-7
定　　价：49.80元

100 个简单好用的科学减压法，
轻松搞定一天中的颓废时刻！

前言

100 个消除不安与焦虑的科学小技巧

本书收录了 100 个在世界各地的研究中已被证明有效的方法，旨在帮你消除不安和焦虑等压力，让你每一天都精神饱满。

说到健康，我们往往想到的是生理上的健康，但本书所讨论的健康主要聚焦在心理方面。

现如今，很多人身体健康，精神却不振。各种前所未有的挑战层出不穷，越来越多的人开始重视心理健康。

然而，要想拥有健康的心理，不能仅靠意念，而是要付诸具体的行动。

本书反复强调，大脑会通过身体的状态和动作来判断自己的状态。

身体向大脑传输“高兴”的信号后，大脑就会觉得“我很高兴，很有活力”。

因此，当我们做出充满朝气的动作时，就会感到活力满满。这意味着，我们应该学会“欺骗”大脑。

无论是心理学还是脑科学，都认为行动是先于思考的。

压力既包括我们感知到的，也包括我们感知不到的，而且它往往会在不知不觉中慢慢堆积。

日本厚生劳动省《劳动安全卫生调查（2020 年）》的结果显示，58% 的受访者都认为“现今与工作和职业有关的事务让人备感压力”。

轻度的压力就更多了，日常生活中感受不到压力的人只有极少数。

本书收录了许多能帮你在充满压力的现代社会中改善精神状态的方法，但并不是只有在实践书中所有的方法后才能取得效果。你可以只选择自己喜欢的方法，也可以一一尝试，从中找到最适合自己的方法。

需要说明的是，虽然书中的每种方法都得到了科学验证，但和所有医疗手段、药物一样，其效果因个体而异。并不是所有方法都能最大程度地发挥效果。

每种方法都不是“绝对合适”或者“绝对不合适”的。所以，不妨亲身实践，找出对自己最有效的方法，然后坚持下去。

衷心希望大家能够健康快乐地度过每一天！

堀田秀吾

大脑与压力

减压机制是人类智慧的结晶
——用科学欺骗大脑

大脑大体上可分为三层结构。

大脑最深处是**脑干**，也称原始脑、爬虫脑，与睡眠、心跳、呼吸、自律神经活动、食欲、性欲等**人类本能**息息相关。

脑干外面是被称为**边缘系统**的旧脑，负责**喜、怒、哀、乐等各类情感和安全需求**。

边缘系统外面是被称为**新皮质**的新脑，是灵长类等高等生物才有的脑部结构，负责**与理性或理智相关的思维活动**。

大脑的这种结构反映了人类从原始生物向高等生物进化的过程，“思维”的存在便是人类进化的证明。

使用新脑可以抑制旧脑产生愤怒等情绪，这就是理性的来源。当新脑因事故或疾病而无法正常运转时，我们就会无法控制自己的情感，也无法考虑别人的心情。

压力基本上是由旧脑的活动引起的，因此，我们应该思考如何通过新脑应对压力。

新脑进行计算、客观审视、集中注意力等活动时，需要从旧脑那里抢夺资源。这样一来，旧脑的活力就会减弱，压力及相关情感就会得到抑制。

可以说，减压机制是人类智慧的结晶。

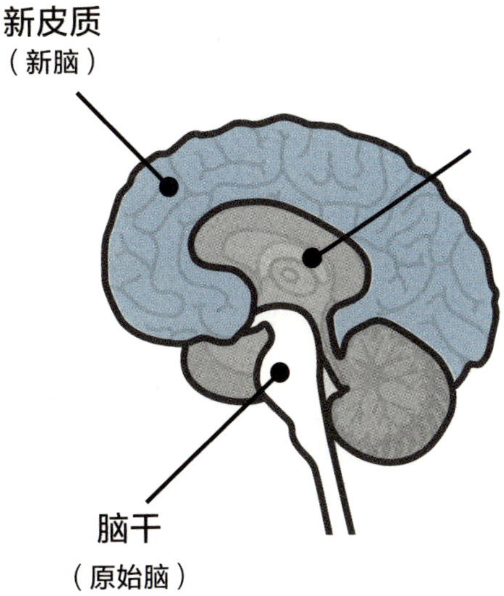

目录

第一章 【早上】

消除不安和烦恼的科学方法

第二章 【工作中 · 上午】
提高工作效率的科学方法

第三章 【午休】
补充动力的科学方法

第四章 【工作中 · 下午】 恢复注意力的科学方法

第五章 【人际关系】
抵御他人攻击的科学方法

第六章 【晚上】消除一天压力的科学方法

第七章 【休息日】
自我疗愈和获得活力的科学方法

第一章

【早上】
消除不安和烦恼的科学方法

01~14

第一章

早上

01

早上醒来回想快乐往事

效果：防止焦躁和抑郁

——剑桥大学阿斯克隆德团队的研究

●晨间减压法

研究表明，被称为“压力激素”的**皮质醇**会在早上达到一天中的最高值，这也是我们在刚睡醒时情绪不佳的原因。

要想从早上开始就预防焦虑，我推荐剑桥大学阿斯克隆德团队研究的“晨间减压法”。

该研究以 427 名 14 岁的少年为对象，让他们早晨醒来后根据提示分别回想积极事物和消极事物，1 分钟后再观察他们的反应，这一实验过程将重复 6 次。

经过一年的追踪调查，回想积极事物的少年皮质醇大多降低了，长期来看，他们的消极情绪也有所减少。

这项研究原本是为了治疗抑郁症。在皮质醇升高的早上，我们只要回想积极快乐的人生经历，就可以降低患抑郁症的风险。

● 一天中好事想太多会适得其反

不过话说回来，一天中回想美好的事物次数太多也不行。理化研究所木村团队的研究表明，**回忆过去的频率过高，可能会引发记忆障碍。**

随着年龄的增长，大脑内嗅皮质的 Tau 蛋白会增加。研究普遍认为 Tau 蛋白会引发记忆障碍，甚至与阿尔茨海默病的形成有关。

木村团队用白鼠做实验，结果表明，长时间刺激白鼠的大脑，令其回忆过去，容易积累 Tau 蛋白的糖原合成酶激酶 -3β（GSK-3β）就会变得活跃。

至于如何减少 Tau 蛋白，结论尚未明了。不过，如果生活中没有出现新鲜的事物、新的经历，大脑很容易就会去想过去的事情。

因此，每天早上用 1 分钟回想快乐往事，同时定期为大脑注入新鲜记忆以保持活力，就可以有效减压，预防记忆障碍的出现。

早上醒来后的记忆很重要

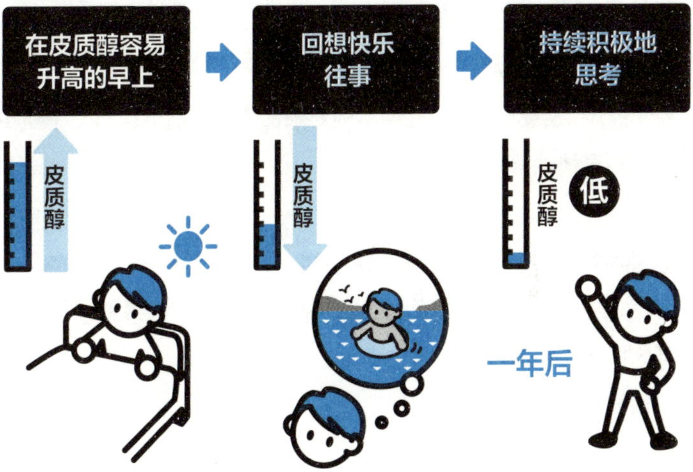

早上起床后，先用 1 分钟回想快乐往事。

第一章

早上

02 慢跑

效果：控制情绪

——东京大学柳团队的研究

●慢跑有助于获得好心情

研究表明，**心事重重或压力较大时，慢跑可以让人心情舒畅。**

很多人不会想到，这背后有着脑科学方面的原因。

哈佛大学的伯恩斯坦和麦克纳利认为，**慢跑对包括抑郁在内的负面情绪有一定的缓解作用。**

他们将实验对象分为“慢跑组”和“拉伸组”，让每组分别进行 30 分钟的运动，再看催人泪下的电影。

结果显示，看完电影后，两组实验对象都变得心情沉重，但**“慢跑组”的心情显然更快地得到了平复。**

●跑步会增强大脑分泌物的活性

东京大学柳团队的实验表明，**我们跑出的每一步都会刺激大脑，从而增强大脑分泌物的活性。**

实验为期一周，主要通过让白鼠在跑步机上跑动，以此来研究它们的大脑反应。

研究结果表明，**每天跑步 30 分钟，可以使调节认知、心情、记忆及神经活动的 5- 羟色胺受体充满活性。**

●慢跑的效果可以持续一周

不仅如此，坚持慢跑一周后，每次慢跑带来的**效果能够持续 72 小时到一周。**

如果情绪低落，就去慢跑。坚持慢跑还可以改善自律神经的调节功能，让你拥有健康的身体。

其实，光是到户外呼吸新鲜空气就能让我们转换心情，这也已经得到了科学验证。

慢跑不为人知的效果

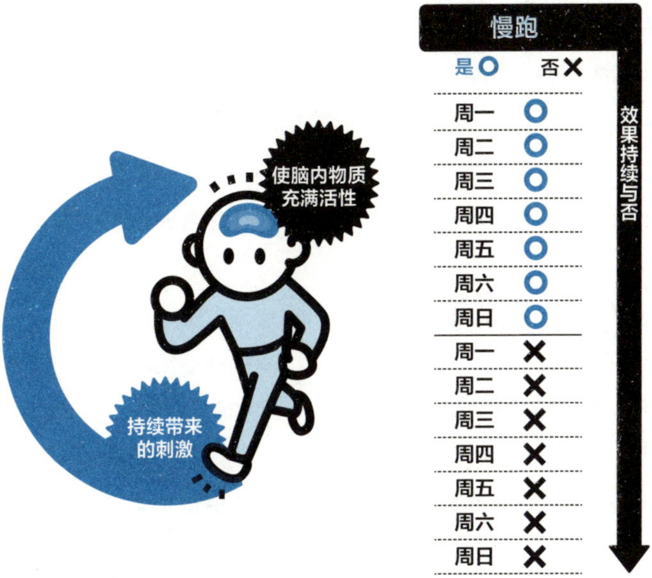

感到有压力时，就去跑步。
预感到有压力时，也可以去跑步。

第一章

早上 03

养成科学的晨间习惯

效果：缓解脑疲劳，提升干劲

——千叶大学李团队的研究

●晨间习惯一：通过运动来提高心率

早上刚起床时，大脑还比较迟钝。要想恢复大脑的活力，最有效的办法就是运动。大脑的活动需要糖分和氧，因此，**我们一方面需要通过饮食来摄取糖分，另一方面也需要通过运动来提高心率，从而为大脑源源不断地输送含氧量高的血液**。

山口大学的佐佐木和盐田做了一项实验，要求实验对象先做广播体操，接着运球或慢跑，使心率提高到 120~140 次 / 分，然后让他们做计算题。结果显示，运动后，他们答题的数量和正确率均有提高。

换言之，运动后的大脑处于活跃状态，工作表现也更加理想。

●晨间习惯二：泡澡或蒸桑拿

运动出汗之后，如果再泡个热水澡，大脑就会更有效地恢复活力。

千叶大学的李团队做了一项实验，让实验对象从早上 7 点开始，分别使用 40℃的热水泡澡、淋浴或蒸桑拿，10 分钟后再进行答题。

结果表明，**泡澡和蒸桑拿比淋浴更有助于缓解疲劳。**

不仅如此，泡澡和蒸桑拿还可以增强注意力和判断力，从而提高答题的正确率。

需要补充的是，东京燃气城市生活研究所的研究报告表明，**早上只要淋浴 1 分钟就能减少体臭，效果能够保持到傍晚。**泡澡不仅能够激发活力，还可以保持身体清洁。所以，不妨养成晨间泡澡的习惯。

科学的晨间习惯

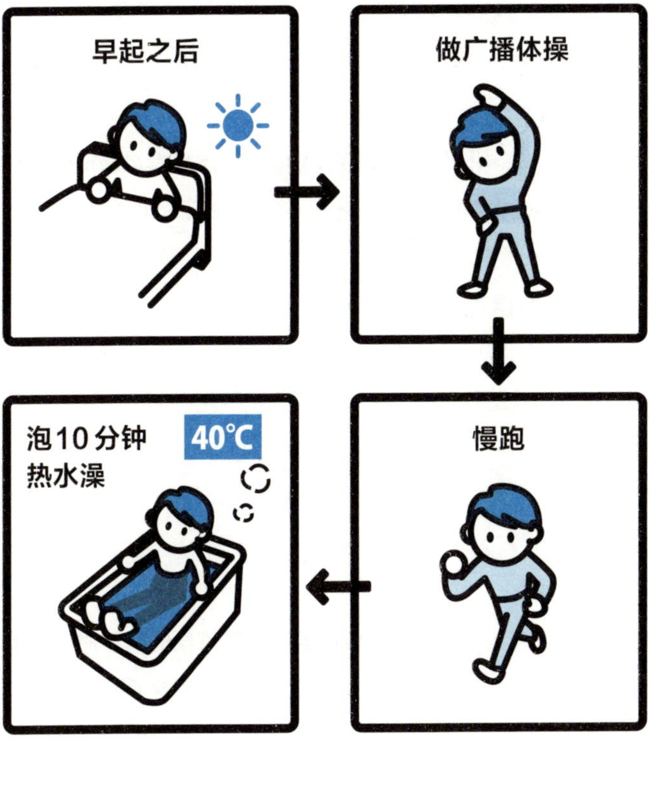

早上起床后，先做广播体操，再慢跑，
然后泡10分钟水温40℃左右的热水澡。

第一章

早上

04

美甲

效果：缓解不安、紧张和疲劳

——京都大学平松团队的研究

●化妆能提升自信心和自我满足感

要想欣赏自己、重视自己，可以先从外形着手。

同志社大学的余语团队选取了 24 名 20~30 岁的女性作为研究对象。通过观察发现，**化妆后，她们的自信心和自我满足感得到提升，而专业的装束也会减少她们内心的不安，使她们说话的声音更大。**

●看到美化后的自己，脑电波会变得平稳

长崎大学的土居也研究了化妆与自信心的关系。他以年轻女性为实验对象，让她们分别看到自己素颜、美化和丑化的样子，然后观察她们的大脑活动。

结果表明，当她们看到自己丑化的样子后，N250 脑电波的振幅明显增大。N250 是在大脑受刺激 250 毫秒后出现的脑电波。自信心越低，N250 的振幅越大。

实验结果告诉我们，**当看到自己更丑、更糟糕的样子时，自信心就会降低。**由此可见，一个人的外表与自信心之间大有关联。

●美甲可以缓解不安、紧张和疲劳

近年来，化妆的男性开始增加，但化妆对大部分男性来说仍有难度。不会化妆的男性可以尝试做美甲。

京都大学的平松团队选取了 15 名大学生，让他们涂上指甲油，然后观察他们的情绪变化。结果发现，他们的**紧张、疲劳和失落感均出现**

了不同程度的减少。统计报告也表明，美甲能让人明显放松。

平松团队还指出，指甲不用照镜子就能看到，正因为看到的机会多，美甲才会呈现这样的积极效果。

看来，修一修指甲、涂点指甲油也未尝不可。把自己打扮得美一些，既可以提升自信心，也能让人变得从容。

注重仪容仪表

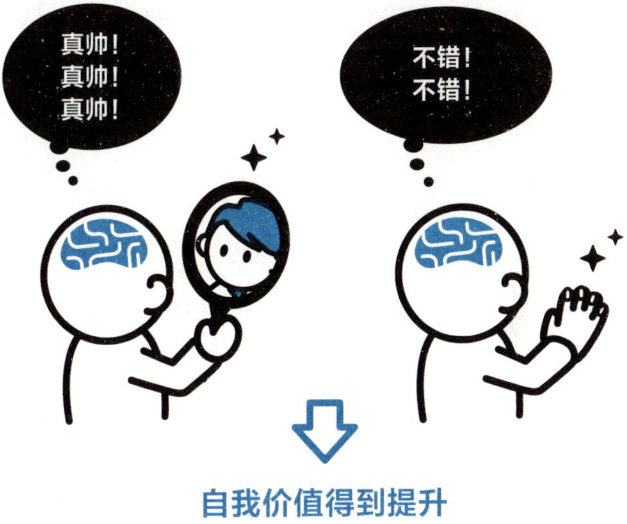

注重仪容仪表，不仅仅是为了展示给别人看，也是为自己着想。

第一章

早上

05

善用暖色

效果：提升干劲和活力

——加齐大学伊尔迪里姆团队的研究

●暖色让人精神振奋

用科学的方法选择颜色，可以调节人的心情。色彩心理学就是 19 世纪诞生的一门学科。

加齐大学的伊尔迪里姆团队做了一项研究，让实验对象分别观看电脑屏幕上的暖色系起居室和冷色系起居室，然后监测他们的心理状态。

看完暖色系的起居室后，实验对象的反应是“心情舒畅”“精神振奋”。而看完冷色系的起居室后，实验对象的反应是“心情低落”“精神镇定”。

●美国政治家会在重要时刻系红色领带

罗切斯特大学的费尔特曼和埃利奥特做了一项研究，让实验对象分组进行虚拟跆拳道比赛，双方分别戴上红、蓝两种颜色的护具。结果显示，戴红色护具的一方更能威慑对方，从而在比赛中占据优势。

奇切斯特大学格林利斯团队的研究表明，身着红色服装的守门员，比身着绿色、蓝色或黄色服装的守门员更容易守住点球。

红色不仅能提升动力，还能威慑别人，因此，在某些时刻可能会发挥关键作用。

美国总统大选时，候选人会在重要时刻系红色领带，此举就是利用了红色给人带来的这一效果。

如果你心情低落，想提升精神状态，可以选择红或橙色。

如果你要送出重要的礼物，红色可以加分。

●要想缓解焦虑和压力，可以选择蓝色

另一方面，长冈技术科学大学野村团队的研究发现，**蓝色可以有效缓解压力。**

也就是说，不同颜色具有不同功效，要想才“色”兼备，就得根据不同场合做出不同的选择。

区分红色和蓝色

红色	蓝色
☑ 提高动力	☑ 缓解焦虑
☑ 提升干劲	☑ 舒缓心情
☑ 看起来有力量	☑ 使人放松
☑ 看起来热情	☑ 看起来知性

要想提升干劲，选择暖色，如红色；
要想缓解焦虑，选择冷色，如蓝色。

06

转移参照点

效果：减轻自卑感

——加利福尼亚大学圣迭戈分校兰加克的研究

●什么是参照点？

想必不少人都对自己的长相缺乏自信，因而提不起精神。该如何应对自卑问题呢？如果转移**参照点**，自卑感就会逐渐消失。

当我们看到他人或外物时，往往会选取他们的某一特征作为认知和描述他们的基准，这就是参照点效应（锚点效应），而这样的特征就是参照点（锚点）。

比如，我们说“阅读漱石”，完整含义其实是“阅读夏目漱石的小说”，但用“阅读漱石”来表述也完全可行。“漱石”这一颇具特点的词就是参照点，我们可以借此顺利地将原话理解为“阅读夏目漱石的小说”。

●如何转移参照点？

因为某个让你自卑的身体部位而被起绰号，实际上也是一种参照点效应。对此，消除参照点当然是最理想的做法，但寄希望于某一天这种参照点及自卑感会突然消失似乎不太现实。

那应该怎么办？

可以寻找新的参照点，也就是转移参照点。

你若不喜欢自己的容貌，不妨大胆地改变一下发型，这样参照点就会从你的面部转移到头发上；你若觉得自己胖，可以抛开体形，重新设置一个积极的参照点，这样一来，“我很胖”的印象就会淡化，内心的压力也会得到缓解。

●为什么有人会戴装饰性眼镜？

很多人可能听说过，**目光犀利的人为了掩饰这一缺陷，往往会佩戴装饰性眼镜。**

那些缺乏个性或者辨识度不高的人，则会通过制造特征来弥补不足，比如佩戴一副有色边框眼镜、戴一顶帽子等。

了解了搞笑艺人的穿着打扮后，你不难发现，设置参照点就等于制作自己的名片。

转移参照点的具体做法

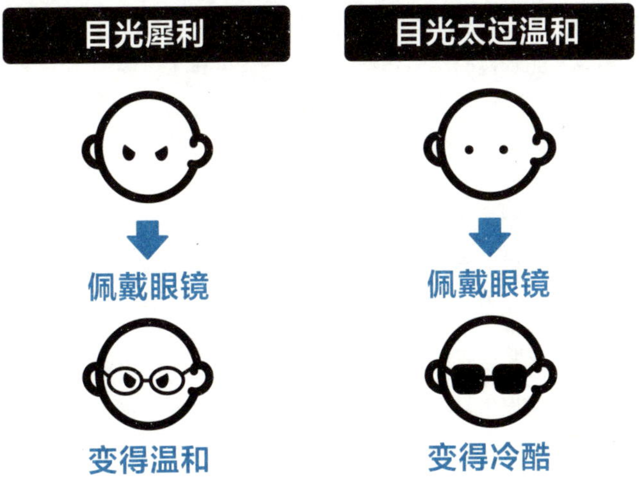

如果你不太自信，可以制造新的特征来转移参照点。

第一章

早上

07

逐一排除焦虑因素

效果：缓解不安和焦虑

——千叶大学石川亮太郎团队的研究

●缓解过度焦虑的方法

虽然焦虑有时候可以帮你在生存竞争中取胜，但有焦虑倾向的人极易陷入痛苦之中。

如果总是为没有发生的事担惊受怕，被焦虑支配，那么你的行动就会受到限制。此外，过度焦虑还会引发强迫症。

那么，怎么做才能缓解焦虑、减少痛苦呢？

对此，千叶大学的石川团队对被害妄想症（执意认为别人想要加害自己）患者采取了针对强迫症行为的认知行为疗法。

●逐一排除焦虑因素

一名男子从朋友家回到住处后，坚持认为“自己离开前，肩上的挎包触碰到了煤气灶，导致煤气点燃，引发了一场火灾”，始终不肯相信没有起火。

为了验证这名男子的说法，石川和他一起去了朋友家，让他亲自用肩上的挎包触碰煤气灶。他们发现，煤气灶的阀门关得很紧，怎样碰撞或按压都不会点燃煤气。

后来，这名男子再去朋友家，就不会再担心火灾的事了。

导致内心焦虑的因素可以亲自逐一排查，慢慢地，它们就不会那么让人在意了。

石川的研究还告诉我们，不断尝试“做了之后意外让人安心”的事，可以有效缓解焦虑。

●焦虑的事九成以上都不会发生

宾夕法尼亚大学博尔科韦茨团队的研究显示，实际上，让你焦虑的事中，有 79% 都不会发生，而剩余的 21% 中，又有 16% 的事可以通过提前准备来解决。也就是说，让你焦虑的事只有 5% 的发生概率。

因此，如果你过度焦虑，就应该充分了解上述研究，尽量不要杞人忧天。

此外，如果你在做一件事情之前感到焦虑，那就用“百思不如一试”“做了后悔总比不做后悔强”这样的俗语来鼓励自己，然后付诸行动。

研究结果显示焦虑的事变为现实的概率

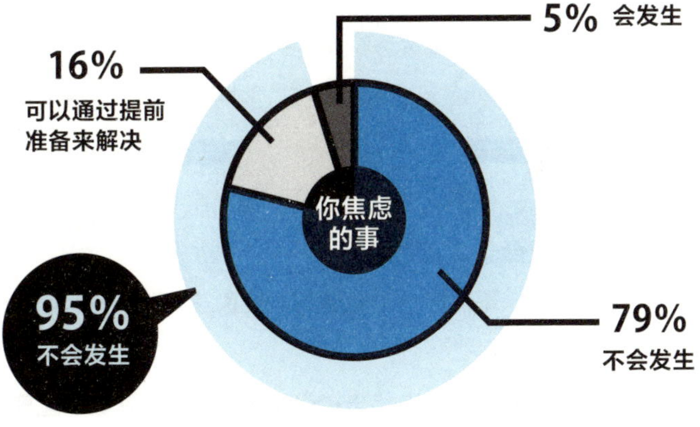

为某件事焦虑，甚至焦虑到不敢行动时，提醒自己焦虑的事九成以上都不会发生。

第一章

早上

08

将不安表述成兴奋

效果：缓解不安

——哈佛大学商学院布鲁克斯的研究

●不安是理性的证明

改变对不安的认知，就能使之成为战略武器。

里斯本大学著名的神经学家达马西奥认为，“控制情感才能做出更好决策”的说法并不准确。

正因为我们处于不安的状态，才能对情况做出更为客观的分析。如果正式登台前感到不安，就会采取措施，想方设法去克服这种不安。所以，不安是理性的证明。

此外，哈佛大学商学院的布鲁克斯通过研究发现，一个人如果没有一定程度的不安和紧张，就不会有较高水平的表现。

不安是动物的本能。正因为感到不安，才会激励自己不得不做点什么。

●将不安表述成兴奋，就能提升表现

值得注意的是，人不安时，大脑会从放松状态进入兴奋状态，这其实是一种更为积极的现象。

布鲁克斯认为，**与其让不安状态转化成放松状态，不如将之导向兴奋状态。用杠杆原理来比喻，假设不安是支点，那么人在兴奋状态下要比在失落状态下能发挥出更强大的力量。**

布鲁克斯的研究选取了 100 多名实验对象，将他们分成三组，依次在陌生人面前唱歌、在摄像机前面演讲、做计算题，然后观察他们的表现有何不同。

第一组 实验前说“我好兴奋”

第二组 实验前说“我很不安”

第三组 实验前一言不发

结果显示，无论哪种任务，在实验前说“我好兴奋”的人都表现得更好。

比如，在通过音调和节奏来评判“唱歌准确率”的实验中，实验前说“我很不安”的人准确率为 52.98%，说“我好兴奋”的人准确率为 80.52%，一言不发的人准确率为 69.52%。

●不安是开动引擎的状态

上述研究的关键结论就是，我们要将“不安”转换成“兴奋”。

兴奋能够提升表现，也就是开动了引擎。相反，放松就是引擎停止的状态。由此可见，兴奋是一种有益的状态。

当你登台前，与其保持放松，不如保持激动或兴奋，这样能表现得更好。

感到不安而不知所措时，大喊“我好兴奋”。

第一章

早上 09

深信自己运气不错

效果：提升注意力，缓解不安

——赫特福德大学怀斯曼的研究

●科学家认为运气好的人都有哪些习惯？

“我真是一个倒霉蛋”——这种消极的信念会使事态复杂化，从而让自己背负无端的烦恼。

科隆大学达米什团队的研究充分证明了“信念”的威力。

研究人员让所有实验对象用推杆打高尔夫球，然后告诉其中半数人“你打的是幸运球”。

结果显示，被告知打幸运球的人进球率为每 10 球中平均进 6.42 球，而未被告知的人进球率为每 10 球中平均进 4.75 球，两者相差甚巨。

那么，为什么**被告知打幸运球的人进球率要高出 35%** 呢？

●人可以通过信念改变自己——安慰剂效应

赫特福德大学的怀斯曼认为“沙丁鱼也有神性”，只要有信仰，即使是沙丁鱼的脑袋也会开悟。这类似**安慰剂效应**，却强调了其中的积极效果。

怀斯曼的调查数据表明，**觉得自己幸运的人，参加抽奖等活动时，将奖金拿回家的概率更高。**

相反，一直认为自己“运气差”的人，出现消极心理甚至社交恐惧的概率更高。

安慰剂效应是一种暗示。即便是没有任何效用的安慰剂，如果你告诉一个人该药有效，安慰剂也会对他产生一定效果。同理，信念有时也可以改变我们的身心状态，提升自愈能力。

怀斯曼还强调，觉得自己运气好的人会觉得周围人的视线更和善，生活更加美好。

所谓运气，可以通过良好的心境和行动加以提升。

也就是说，只要坚信自己的运气好，那么困扰你的不安和压力也会减少。

坚信自己运气好，表现就会变好

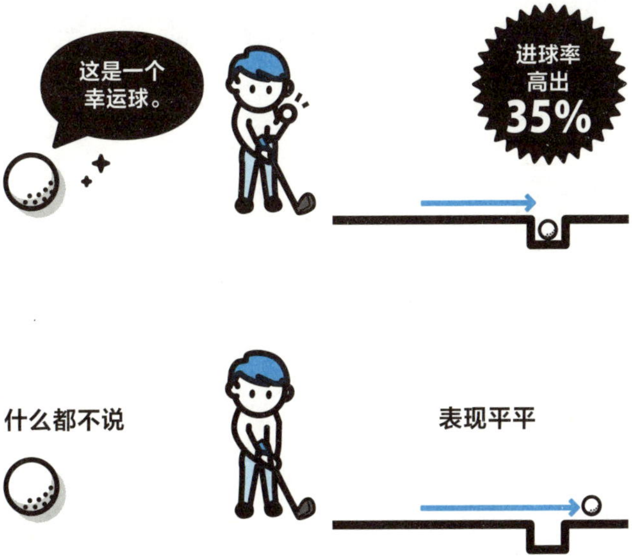

平时就要告诉自己“我绝对有好运气”。

祈愿别人幸福

效果：增强幸福感和共情力，减少不安

——艾奥瓦州立大学金泰尔团队的研究

●“希望别人幸福，自己也会变幸福”的科学理由

与其嫉妒、怨恨你讨厌的人，不如希望对你心怀善意的人幸福。

艾奥瓦州立大学的金泰尔团队通过实验证明，**祈愿别人幸福，自己也会变幸福。**

该实验选取了 496 名大学生作为对象，让他们在学校内步行 12 分钟，并对擦肩而过的路人发自内心地表示某种感想。实验对象按照感想的内容分为以下四组：

第一组 心怀柔情，希望对方幸福

第二组 思考对方和自己有哪些共同之处

第三组 比照对方，想想自己的优点在哪里

第四组 观察对方的服装和手中的物品

这四组分开进行实验后，研究人员评估了他们实验前后的不安感、幸福感、压力状况、共情力和人际关系等方面的情况。

结果显示，希望别人幸福的**第一组**，**内心的幸福感提升，不安感减少，共情力和人际关系方面也出现了积极变化。**

●对每个人都有效

上述实验颇为有趣的地方在于，实验对象个体之间的差异对实验结果几乎没有任何影响。

无论是自恋型人格的人还是协作能力强的人，在希望别人幸福时，所发生的心理变化几乎完全相同。

●做具体的、触手可及的事，幸福感会更强

休斯敦大学拉德团队的研究表明，针对利他行为，做具体的、触手可及的事会提升幸福感。

研究中，实验对象表示，相较“为社会做贡献”这种抽象的目标，**“让他人欢笑”或“提高废品回收率”等目标更加具体且更容易付诸实践，因而从中获得的幸福感也更强。**

看来，“好人有好报”的说法确实存在科学依据。

“希望别人幸福”产生的神奇效果

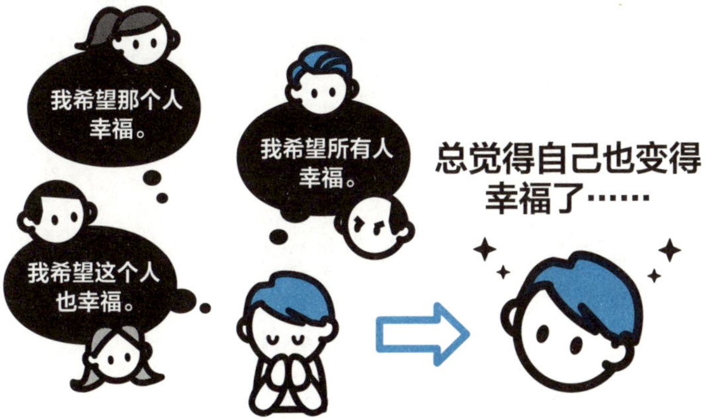

平日，我们应该多祈愿别人幸福，
而不要诅咒别人发生不幸。

不要设立过高的理想

效果：缓解焦虑和心理冲突

——巴塞罗那大学费萨斯团队的研究

●理想和现实的差距越大，认知失调的问题越突出

一心想要得到，到头来却总是事与愿违。如何面对因理想与现实的差距而产生的心理冲突（mental conflict），是摆在我们面前的重要问题。

这种心理冲突也被称为**认知失调**。认知失调了，就会产生不快。为了消除这种不快，我们要么找借口，要么粉饰自己，要么攻击别人。一旦这种不快超过了正常限度，就容易引发心理疾病。

●心理冲突容易引发抑郁症

巴塞罗那大学的费萨斯团队调查了 161 名抑郁症患者和 110 个精神健康的人。结果表明，68.3% 的抑郁症患者和 34.5% 的精神健康的人存在心理冲突。

近七成抑郁症患者的内心有相互对立的想法，是精神健康的人的两倍。

心理冲突与抑郁症有着密切的关系。上述 68.3% 的抑郁症患者中，又有 86% 的人曾有过自杀的经历。

●面对现实，你是否陷入了消极的自动思维？

有心理冲突的人带着较高的预期，很容易在面对现实时陷入消极情绪。

导致消极情绪的因素之一是消极的**自动思维**。**自动思维是指快速涌入大脑的语言和思维，这些语言和思维其实与他人和外在状况无关。**

比如，自动思维会让你觉得“我和任何人都没办法好好相处”“没有人给我回消息，说明他们都在欺负我”。这些缺乏逻辑和合理性的想法，在抑郁症患者的脑中尤为常见。

他们以过去的经历为标准去判断眼下的情况，极易形成歪曲的思维模式。这就是自动思维的具体表现。

消极的自动思维难以立即改变，但可以通过调整认知，将它引向积极的方向。

实际上，对于一件事，往往可以有无数种理解方式。要想避免事态朝负面方向发展，“不多虑”大概才是过上美好生活所需的重要能力。

心理冲突容易引发抑郁症

确认你的理想是否过高，
你是否在用消极的自动思维处理问题。

第一章

早上

12

“如果……那就……”计划

效果：减少诱惑，避免暴饮暴食

——纽约大学戈尔维策的研究

●提前确立规则

想暴饮暴食，想疯狂购物以缓解压力……如果你实在抵挡不了这些诱惑，不妨试一试**“如果……那就……”计划**。

纽约大学的戈尔维策指出，按“如果……那就……”的模式提前确立规则，能够有效抵抗诱惑。

如果因压力太大而想吃高糖食品，那就做 10 个深蹲。

如果因为焦虑而想吸烟，那就先喝一杯水来缓解一下。

当我们面对难以抵抗的诱惑时，**提前确立规则，实施“如果……那就……”计划。**

●“如果……那就……”计划可以控制食欲

康斯坦茨大学的比勒克团队选取了 94 名学生作为研究对象，告诉他们“如果想吃某种高热量食物，那就刻意忘掉这件事”，一周后观察学生们到底吃了多少。

结果显示，**实施“如果……那就……”计划的实验对象相比未实施者，高热量食物的摄入量少了大约一半。**

●“如果……那就……”计划有助于提升比赛时的表现

比勒克团队还选取了 107 名网球选手作为研究对象。比赛当天，研究人员将选手分为三组，让他们在比赛结束后评价自己、教练和队友的表现。

三组在进行比赛前所做的事情如下：

第一组 在写有“以重炮发球取胜”这一目标的纸上画线并写下名字

第二组 实施“如果……那就……”计划，向共同目标迈进（如果有“注意力不集中”等消极表现，那就努力让自己冷静下来）

第三组 什么也不做

结果证明，采用了“如果……那就……”计划的 **第二组** 得到了最高的评价。

“如果……那就……”计划对前额叶皮质受损的患者也有一定的帮助。难以抵抗诱惑的人，一定要试试这个计划。

“如果……那就……”计划模板

如果	
那就	

＊在方框中填入相应内容，提前确立规则。

设想你难以抵挡的诱惑或是让你感到紧张不安的场景，采用“如果……那就……”计划提前确立规则。

第一章

早上

13

仰望蓝天

效果：缓解疲劳和不安

——大阪市立大学水野团队的研究

●看风景画能缓解疲劳

在晴朗的日子仰望蓝天，仅仅这样就能产生“治愈”效果。

大阪市立大学水野团队的研究显示，**只要看画有蓝天的风景画，就能缓解工作中的疲劳，防止精力涣散和效率低下。**

●蓝色有缓解压力的效果

长冈技术科学大学的野村团队做了一项实验，让 23 个人分别戴上镜片为红色、蓝色和无色的眼镜做算术题。

结果显示，和其他实验对象相比，戴蓝色眼镜的人**注意力更集中，体内的皮质醇也更少。**这证明了蓝色具有缓解压力的作用，也是**“安抚神经”的颜色。**

此外，农研机构和筑波大学的共同研究表明，当实验对象因为看到虫、蛇、事故现场等令人不舒服的景象而产生一定压力后，再去看鲜花、蓝天的图像，血压和皮质醇都会出现变化，证明了**蓝天和鲜花均有缓解压力的作用。**

●关键是仰望蓝天的方式

仰望蓝天为何能如此有效地缓解压力，关键在于我们仰望时会做出类似拉伸背部的动作。

只要动作到位，压力就能缓解，我们的抗压能力也会得到提升。关于这一点，可以参考本书第 42 页关于“挺直腰背”的内容。

马德里自治大学的布里尼奥尔团队也做了一项类似的研究。研究人员选取了 71 名大学生，让其中一组学生昂首挺胸，另一组耸肩缩背，保持这种姿态写下自己的长处和短处。结果显示，第一组学生的回答更为积极自信。

仰望蓝天无须花钱，每个人都可以轻易做到。疲惫的时候，只要看看蓝天，心情就会变得舒畅，自信心也会增加。

通过仰望蓝天缓解压力

当你感到疲劳、不安、压力增大时，试着拉伸背部仰望蓝天。

早上 14

集中精神做好眼前的事

效果：缓解焦虑，增强幸福感

——哈佛大学基林斯沃思和吉尔伯特的研究

●焦虑的事有 95% 都不会变成现实

有的人无论做什么事都会不自觉地感到焦虑，并被这种莫名的焦虑驱使。焦虑是现代人工作和生活中的大敌，也是压力的来源。

然而，正如本书第 15 页所说，**宾夕法尼亚大学博尔科韦茨团队的研究已经表明，焦虑的事有 95% 都不会变成现实。**绝大多数的焦虑都是杞人忧天。

●我们焦虑的不是问题本身，而是如何解决问题

悉尼大学的绍博与新南威尔士大学的拉维邦德在对 39 名大学生进行调查后发现，令他们焦虑的事情有 48% 都与问题的解决过程有关。

换言之，**相比结果如何，怎么解决问题才是焦虑的主因。**而越是认定结果无法改变，就越容易否定解决问题的方法。

如果觉得任何解决方法都无济于事，那么除非天上掉馅饼，否则焦虑将会一直存在。

●只要集中精神做好眼前的事，就不会受焦虑影响

哈佛大学的基林斯沃思和吉尔伯特认为，我们的焦虑有一半都和眼前的事情无关。

他们开发了一款智能手机应用程序，供 5000 名实验对象在一天内不定时回答若干次“你在做什么”“你在想什么”“你感到幸福吗”等问题。

结果显示，**与拥有较好的物质条件，但不能集中精神做好眼前之事的人相比，那些生活平淡却能够活在当下的人幸福感更强烈。**

与其瞻前顾后，不如集中精神做好一件事，从而获得幸福；反之，幸福就会离你远去。

为还没发生的事焦虑，这难道不是在虚度光阴吗？

瞻前顾后只会自寻烦恼，活在当下才是生活之道。当你明白了这个道理，就会轻松许多。

集中精神做好眼前的事，就能缓解焦虑

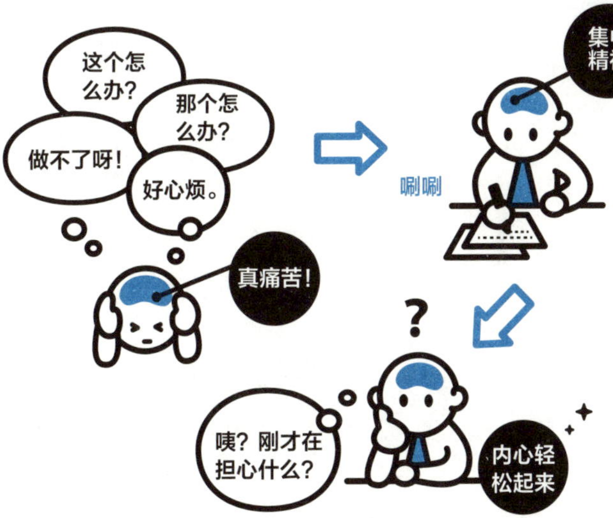

与其瞻前顾后、焦虑不安、什么都做不了，不如集中精神做好眼前的事。

专栏一

不安是在生存竞争中取胜的武器

不安随处可见，随时会产生。思虑过多、烦恼、选择评价好或销量高的商品、喜欢名牌、屈从于权力、好面子等行为，其实都是为了“消除不安”。

进化心理学认为，人类心理的进化历程基本都发生在石器时代。人类自诞生后经历了数十万年的漫长历史，而文明的发展与之相比只有短短一瞬。

生物进化需要漫长的时间，虽然现代文明正在迅猛发展，我们现代人的身心状态却与狩猎时代基本相同。

在现代人看来，石器时代的人随时都有性命之忧。那时的人们为了保命，需要时刻注意日常生活中的细微变化和反常之处，以此判断是否存在危险。

为细微的事情感到不安，在一定程度上具有积极作用。内心不安就会保持敏感，这能让我们更好地应对危险，获得更大的生存可能。

所以，不安未必是消极的。我们要敢于将其用作武器，与其和睦相处。

第 二 章

【工作中·上午】

提高工作效率的科学方法

15~28

寒暄

效果：获得好感

——堪萨斯大学爱德华兹和约翰斯顿的研究

●寒暄能让人心情愉快

我们的压力很大一部分来自人际关系，而人际关系的基础便是寒暄。堪萨斯大学的爱德华兹和约翰斯顿的研究表明，寒暄有助于建立良好的人际关系。

他们选择的实验对象是中学生及校车司机。

实验对象分为三组：第一组为 45 名高二、高三的学生，第二组为 30 名初三、高一的学生，第三组为 20 名高二、高三的学生。每组学生分别乘坐一辆校车。当校车司机对学生说“你好”“再见”时，研究人员会观察学生的反应。

结果显示，**如果司机不主动寒暄，学生当天与他人寒暄的平均次数只有 0~0.25 次。**

如果司机主动寒暄，学生当天寒暄的平均次数会增加到 10 次左右，其中主动寒暄为 5 次左右。

结论看似理所当然。相较不寒暄的司机，主动寒暄的司机更容易获得学生的好感，从而让学生获得更快乐的乘车体验。

●从进化论的角度看，寒暄是区分敌我的手段

寒暄没有坏处。

意志消沉的时候，寒暄与否会有天壤之别。

“寒暄”在日文中写作“挨拶”，“挨”意为“打开心扉”，“拶”意为“靠近”。

正如上述研究所示，寒暄可以缩短人与人内心的距离。

从进化心理学的角度看，寒暄是人们创造出来的一种区分敌我的手段。通过寒暄，我们可以向对方表明“我不是你的敌人”。

此外，寒暄还可以给他人留下好印象，持续与别人寒暄可以引发“互惠效应”（参见本书第 130 页），提升别人对你的好感。

寒暄不仅有助于我们构筑良好的人际关系，还有诸多积极效果。因此，即使在你意志消沉的时候，也至少不要忘记寒暄。

寒暄之于人际关系如此重要的科学理由

无论心情是否消沉，都不要忘记与人寒暄。

第二章

工作中·上午

16 跳着走

效果：缓解抑郁和失落

——密歇根大学安娜堡分校谢弗团队的研究

●蹦蹦跳跳令人快乐

意志消沉的时候，可以蹦一蹦、跳一跳。

密歇根大学安娜堡分校的谢弗团队以脑科学等不同领域的研究为基础，通过实验发现人类的感情可以通过身体运动来调控。

谢弗团队让22名实验对象观看表现“高兴”“悲伤”“恐惧”“平静”的动作视频，让他们模仿这些动作，并用功能性磁共振成像技术（fMRI）记录他们的大脑活动。

结果显示，**当实验对象蹦蹦跳跳、做出高兴的动作时，会变得高兴；做出悲伤失落的动作时，会变得悲伤。**

此外，当实验对象只是观看表现高兴的动作时，不会感到高兴，但观看表现悲伤的动作时，他们会感到悲伤。

●跳着走可以提升活力

虽然谢弗团队并没有让实验对象跳着走，而是做弹跳动作，但该团队的研究论文还是得出了“像孩子一样跳着走会更加快乐”的结论。

跳着走通常是心情愉快时会做出的动作。因此，**当你精神不振时，尝试跳着走或者手舞足蹈，会让心情变得快乐。**

早上去公司上班前，可以做做这个动作，以此奠定一天的好心情。

当然，如果你不喜欢跳着走，也可以**创造一套专属于你的“高兴”动作。**

要记住，这么做是“为了让自己高兴”，而不是“高兴时才这么做”。

当你遇到不顺心的事情时，也可以跳着走，因为科学已经证明，这么做能够使人高兴起来。

跳着走有一种“放飞自我”的含义，能够排遣你的负面情绪。

要想提高活力，可以活动四肢

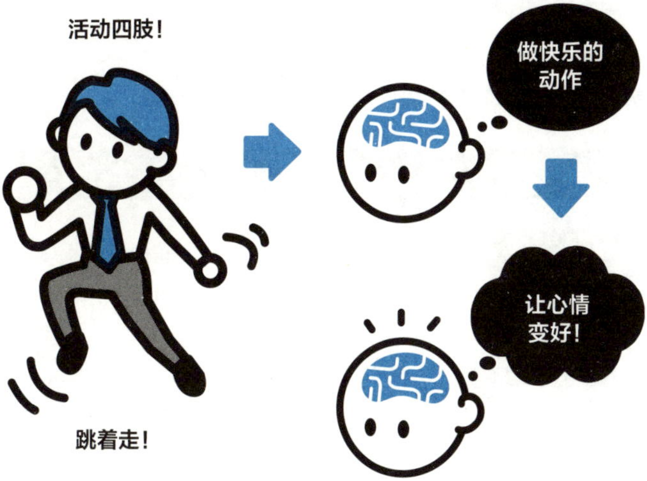

当你内心抑郁或者精神不振的时候，可以跳着走或者活动一下四肢。

保持笑脸

效果：缓解压力和不安

——堪萨斯大学克拉夫特和普雷斯曼的研究

●不是因为高兴才笑，而是因为笑才高兴

其实人并不是因为觉得高兴或幸福才笑的，而是因为笑了才感知到高兴或幸福。

哪怕只是摆出笑脸，也能唤起愉悦的心情。

堪萨斯大学的克拉夫特和普雷斯曼做了一个非常有趣的实验，让实验对象用不同的口型含筷子。

只要做出笑脸，压力就能减轻

第一组	第二组	第三组
上下唇不接触，用两排牙齿竖着咬筷子	上下唇不接触，用两排牙齿横着咬筷子	用正常口型咬筷子
‖	‖	‖
做出微笑的样子	嘴角上扬，做出大笑的样子	没有笑脸

结果表明，第二组实验对象的压力最小、心率最低。

曼海姆大学的斯特拉克也做过类似的研究。结果表明，在看漫画时，被要求做出笑脸的实验对象能够获得更多快乐。

不过，也有研究显示，违背内心而强颜欢笑会导致心情消沉（参见本书第 124 页），用逢场作戏般的假笑来调整心情只会适得其反。

即便如此，在处理日常琐事时露出笑脸，确实可以缓解压力。

加利福尼亚大学的奥多尔蒂团队通过功能性磁共振成像技术发现，看到面带微笑的人能让我们的大脑奖励机制更加活跃。这说明笑不仅能让自己快乐，也能给周围的人带来快乐。

笑脸能让自己和周围的人感到快乐的科学理由

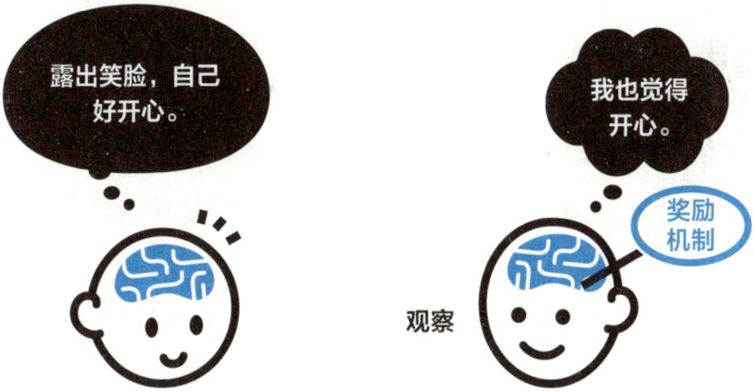

科学已证实了笑的价值，
让我们用笑为自己创造良好的生活环境。

18 工作地点不要太吵或太安静

效果：避免发胖，缓解焦虑，提升注意力和创造力

——伊利诺伊大学梅塔团队的研究

●噪声会增加压力，容易让人发胖

瑞典卡罗林斯卡医学院埃里克松团队的研究显示，噪声大的地方容易让人焦虑，**居住在噪声大的地方甚至容易让人发胖。**

研究人员选取了 5156 名实验对象以证实噪声和肥胖之间的关系。结果表明，住在机场、铁路或大型主干道附近的人体脂率更高。从数据来看，虽然个体之间存在差异，但就女性而言，**噪声每上升 5 分贝，腰围就会增加 1.51 厘米。**

●噪声会让人体分泌皮质醇，阻止额颞部的活动

受到噪声刺激后，人会在压力下分泌**皮质醇**，也就是通常所说的“压力激素”。皮质醇增加后，食欲增加，睡眠质量降低，人也就容易发胖。

如果是去室内演出场馆或者电影院等场所调节心情，周围的声音大一点倒也无妨，但是必须警惕分贝过高的噪声。

据说，**过多的皮质醇会阻碍额颞部的活动，从而影响计划、决策和逻辑分析的能力。**声音嘈杂会分散人的注意力，就是这个道理。

●适度的杂音可以激发创造力

该研究同时指出，当一些杂音进入大脑意识时，大脑需要处理大量的信息，在此过程中会激发创造力。

伊利诺伊大学梅塔团队的研究显示，相较安静（声音在 50 分贝以下）的环境，让实验对象在有适度杂音（50~70 分贝）的环境中，比

如**在咖啡馆等场所中做一些创造性的工作，他们会表现得更好。**但是，当杂音接近噪声（70~85 分贝）时，实验对象的表现就会变差。这说明只有适度的杂音才能提升创造力。

寻找适合自己的杂音范围

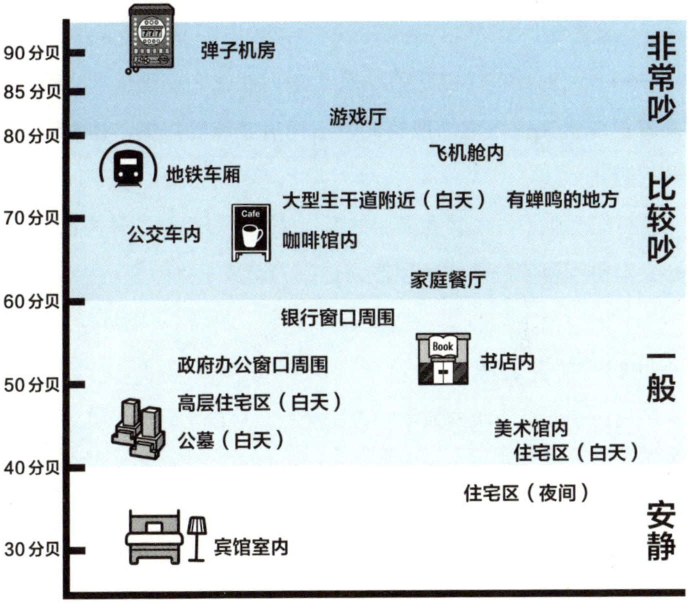

数据来源：（日本）全国环境研究协会噪声调查小委员会

当工作停滞不前时，可以去有点杂音的咖啡店。

第二章

工作中·上午

19

凡事先行动起来

效果：提升干劲

——波士顿大学塞缪尔森和哈佛大学泽克豪泽的研究

●为什么会没有干劲？

人的行为分为“开始时”“进行时”“结束时”等不同阶段，**令人感到最麻烦、最烦恼的无疑是“开始时”。**

“开始时”总是找不到干劲，原因就在于**现状偏见**（status-quo bias）。这是波士顿大学的塞缪尔森和哈佛大学的泽克豪泽提出的理论。

对一个人来说，只要眼前没有问题，他就会安于现状。**开始做一件事就意味着失去稳定的现状，付出代价或承受损失，让人不由自主想要回避。**

在新的刺激下，大脑会更加灵活，从而打开干劲的开关，但是我们内心会有意回避新的事物，反过来对行为造成干扰。

●干劲的开关在哪里？

东京大学池谷的研究显示，大脑一旦开启某个行动，就会一口气坚持下去。

大脑中有个叫伏隔核的部位，相当于干劲的开关。当某个行动开始时，伏隔核就会打开。

我们都有过这样的经历：一旦开始打扫房间，就很难中途停下来，必须一口气将房间清扫干净。

一旦我们开始做一件事，大脑就会开始工作，所做的比我们做之前想象的更多。

●用“咒语”打开干劲的开关

但是，大脑也有犯懒的时候。这时，为了让自己振奋精神，就需要使用“咒语”。

比如，我们可以准备一些能够激发自己干劲的词语或短句，以此来调整自己的状态。

当我们没有干劲或懒得动时，就可以用这些提前准备好的“咒语”来打开干劲的开关。

打开干劲的开关

在没有干劲或懒得动时，先行动起来。
提前准备好激发干劲的“咒语”。

第二章

工作中·上午

20

挺直腰背

效果：避免无精打采和不安

——哈佛大学卡迪团队的研究

●弯腰驼背时，容易无精打采并产生压力

现在，越来越多的人无论走路时还是坐着时都在玩手机。研究显示，这个习惯不仅会使人体态难看，还会对精神产生不良影响。

卡尔加里大学里斯金德与得克萨斯农工大学戈泰的研究显示，**人在弯腰驼背时容易无精打采并产生压力。**大部分抑郁症患者看起来也都常常是驼着背的。

边走路边低头玩手机，人就没法挺直腰背，而这个动作又会带来更多意识不到的负面影响。

●挺直腰背，能产生更积极的自我评价

马德里自治大学的布里尼奥尔团队选取了 71 名大学生进行实验。研究人员让一组学生**昂首挺胸**，另一组学生**弯腰驼背**，然后让两组学生都进行自我评价。

结果显示，**第一组学生的自我评价更积极，对自己的想法更自信，对未来的展望也更加正面。**

●挺直腰背，皮质醇会减少

哈佛大学的卡迪团队做了一项关于“身体姿态”的研究。实验对象分为两组，分别以“堂堂正正”的姿态和“畏畏缩缩”的姿态进行赌博。

结果显示，第一组实验对象更愿意参加高风险的豪赌。

卡迪团队研究了两组实验对象的唾液，发现第一组的唾液中，影响

决断力、积极性、攻击性和求胜心的**睾丸素**要比第二组多出许多。

因此，只要端正姿态、挺直腰背，就能激发挑战精神，产生决胜的斗志。

研究还表明，第一组实验对象分泌的**皮质醇**也因身体姿态而减少。

挺直腰背的人和弯腰驼背的人给人的印象完全不同。

挺直腰背不仅能给人留下好印象，还能激发自信心、缓解压力，可以说益处很多。希望大家都能昂首挺胸地过好每一天。

挺直腰背与弯腰驼背的区别

让我们有意识地养成昂首挺胸的好习惯。

21 自己做决定

效果：增强责任感、成就感和幸福感

——神户大学西村团队的研究

● 自主权比收入和学历更能影响幸福感

很多人都会因为与别人的意见不同而无法做出决定。

神户大学的西村与同志社大学的八木，在日本做过一次受访者多达两万人的问卷调查，结果显示，相比收入与学历，自主权对幸福感的影响更大。

调查的对象是 20~70 岁的日本人，研究人员分析了他们的收入、学历、健康状况、自主权、人际关系这 5 项与幸福感相关的因素。

结果显示，**健康状况、人际关系、自主权、收入、学历对幸福感的影响力度依次递减。**

收入方面，1100 万日元（约合人民币 55 万元）是影响幸福感的上限。当收入达到一定程度时，更多的钱就几乎不会再增强人们的幸福感了。

● 人天生有自己做决定的欲望

自己决定未来的人往往会不惜一切代价实现目标，因此他们的责任心和自信心更强，目标实现后获得的幸福感也更强。

人会产生**逆反心理**。人们天生有自己做决定、行动和选择的欲望，当这些权利被剥夺后，即使面对有利的建议，也会无意识地进行反抗，以此追求自主权。

人们不想被牵着鼻子走，希望能够按照自己的想法来行动。

比如，你做饭的时候，如果有人突然说了一句“要不再多放点盐和胡椒”或者“是不是煮过头了”，你可能就会想：哪来这么多废话？真不想做了（取得“不做饭”的自主权）。

反之，如果你按照自己的喜好做饭，即使味道不好，也能获得成就感和满足感。

因此，为了不陷入让人备感压力的逆反状态，获得自主权十分重要。

自己做决定能增强幸福感

不要被牵着鼻子走，
自己做决定能增强幸福感和满足感。

第二章

工作中·上午

22

加快时钟指针的转速

效果：缓解焦虑，提升注意力

——东京大学伴团队的研究

●工作效率低下时，加快时钟指针的转速

工作效率低下时，就会感到烦躁，从而导致压力堆积。有一种神奇的方法可以轻松改变这种情况。

东京大学的伴团队做了一项有趣的研究，证明了**加快时钟的转速，可以提高工作效率。**

加快时钟的转速，就是指加快时针、分针、秒针的运行速度。

该研究设置了三个实验条件，让 6 名 21~24 岁的实验对象在不看电脑键盘的情况下用 30 分钟输入文章，然后观察他们在三个条件下的表现。

条件一 将时钟转速减慢到原来的 2/3

条件二 时钟转速不变

条件三 将时钟转速加快到原来的 1.5 倍

结果显示，时钟的转速与工作速度成正比。实验对象在 30 分钟内输入的字数多少为：

条件三 > **条件二** > **条件一**

三种条件下，实验对象的工作量依次相差 8%（约 400 字），但工作质量并不会因为时钟的转速变化而产生差异。

●即使知道是人为加速，也能提高工作效率

改变时钟的转速，并不会让工作质量和疲劳程度发生变化。

因此，只要改变时钟的转速，就能在不降低质量的情况下提前完成工作，这一点非常有趣。

当你无法集中精神时，不妨加快时钟的转速，然后认真投入工作，用多出来的时间消除压力。

通过调整时钟转速来改变工作效率

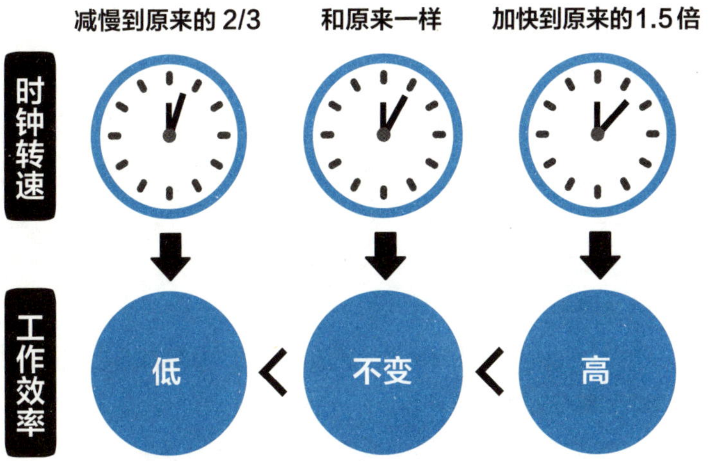

要想减少加班时间，拥有更多私人时间，
就加快时钟的转速。

23 做搞怪的动作

效果：提升干劲和活力

——旧金山州立大学佩珀团队的研究

●用搞怪动作走路，能改善精神状态

旧金山州立大学佩珀团队的研究表明，意志消沉时做搞怪动作，能改善精神状态。

研究人员选取了110名大学生，将他们分为两组：一组“垂头丧气地走路”，另一组“同手同脚地走路”。之后，他们需要对自己的精神状态进行评价。

结果显示，**用搞怪动作走路的那组大学生，精神状态得到了大幅改善。**而垂头丧气走路的那组大学生，原本在实验前大多精力充沛，但实验后的精神状态却变得消沉。

这说明搞怪动作能让人充满活力，消沉的动作会让人精神萎靡。

●看到搞怪动作，大脑误以为自己快乐

脑科学家和心理学家普遍认为，看到身体的动作，意识就会被调动起来。**大脑被封闭在头盖骨之中的黑暗密室里，依靠身体各个器官发送的信息来判断自己的状态。**

本书第36页讲到“保持笑脸”时，就曾提到大脑是“因为笑才高兴”。同理，“动作越搞怪，心情越好”是因为身体向大脑发送了“错误”的信号。

●心率升高，心情会变得畅快

佩珀团队的研究表明，搞怪动作还能提高心率，而心率正是影响精神状态的生理因素之一。**抑郁症患者通过训练提高心率，还能缓解相关**

症状。

赫尔大学的坎皮恩和谢菲尔德大学的莱维特的研究也证明，**跳舞 5 分钟能增加积极情绪、减少消极情绪，**当然也能起到缓解疲劳的作用。

因此，当你意志消沉时，尝试做一些搞怪动作来调节心情吧。

大脑会根据身体的动作做出判断

意志消沉时，做搞怪动作来调整大脑。

第二章
工作中·上午
24

自问自答

效果：缓解不安和冲动，增强自律

——多伦多大学图莱特和因兹利希特的研究

● 自问自答可以控制冲动

多伦多大学图莱特和因兹利希特的研究显示，当你感到紧张不安时，自问自答能控制冲动。

研究人员选取了37名学生，分为两组，让他们根据指定颜色的图形，按下相应的按钮。

第一组 一边在心里自问自答，一边按下按钮

第二组 一边用非惯用手不断画圈，一边按下按钮

实验中还会出现容易混淆的图形来诱导学生按下按钮。这么做是为了确认他们能否控制无意识按下按钮的冲动。

结果显示，**第一组** 的正确率比 **第二组** 高30%左右。

只是在心里自问自答，或者说**一边行动一边自问自答，就可以减少因冲动而导致的误选。**这说明自问自答可以提升自控能力。

● “我能行吗”比“我能行”更有效

伊利诺伊大学香槟分校的塞奈团队也做过类似的研究。研究结果表明，**相比自我激励式的“我能行”，自问自答式的“我能行吗”更容易带给人积极效果。**

塞奈团队选取了53名实验对象，让他们用随机给出的字母拼出10个单词。

实验对象分为两组，拼写单词前，先让一组在纸上写下“我能行”，另一组写下“我能行吗”，两组各自默念写下的话。

结果显示，写下“我能行吗”的人拼写单词的正确率比写下“我能行”的人高70%，而且拼写时的干劲更足。

除了“我能行”和“我能行吗”，实验对象还依次写下了“我”（去掉“能行”）和“能行”（去掉主语），结果依然是“我能行吗”效果最好。这说明在实现一个目标的过程中，自问自答十分重要。

为了激发理性，语言能力不可或缺。相比没有计划地一时冲动，通过大脑活动和自问自答来思考自己想做的事、想说的话，更容易把自己从不安中解放出来。

控制不安与冲动的自问自答

为了实现目标，自问自答式的“我能行吗”比对自己说“我能行”效果更好。

第二章

工作中·上午

25

处理好自我认知偏差

效果：缓解不安和焦虑

——凯尼恩学院范斯坦的研究

●为什么会产生自我怀疑？

别人没有说你，你却觉得是在说你，并为此担心，就会产生压力。

我们通常所说的自我意识过剩、被害妄想症等心理问题，其实都是**自我认知偏差**导致的。

●什么是自我认知偏差？

凯尼恩学院的范斯坦对一个 50 人的班级做了一项关于自我认知偏差的实验。

研究人员让任课老师在宣布考试成绩前，先告诉学生“大家这次都考得不错，只有 1 个人考得不好”。

按理说，50 人中只有 1 个人考得不好，这个人是自己的概率只有 2%，但实际上有 20% 的学生都怀疑是自己考得不好，并为此感到不安。

在同样的条件下，当研究人员问学生“你觉得是不是旁边的人没考好”时，回答“是”的学生仅占 8%。

看来，相比怀疑其他人，自我怀疑的人要更多一些。

●为什么“认为是自己”的概率更高？

当然，也许正是因为自知与邻桌同学的成绩差异，才产生了自我怀疑。为了验证这一假设，范斯坦将学生随机分为 8 人一组，询问其中 1 人“你觉得没考好的是谁”。

结果显示，认为是自己的人比认为是别人的人数量更多。

●自我怀疑是有益的

“也许说的就是我。”这样想是因为存在自我认知偏差，实际情况并不需要过度担心。

可以说，**自我认知偏差是一种自我防卫的本能。**如果怀疑会发生不利于自己的事，就会提前想好对策。

为了在生存竞争中取胜，我们需要自我怀疑，但是也不用太过在意，我们可以用行动去推翻这种疑虑。

自我认知偏差

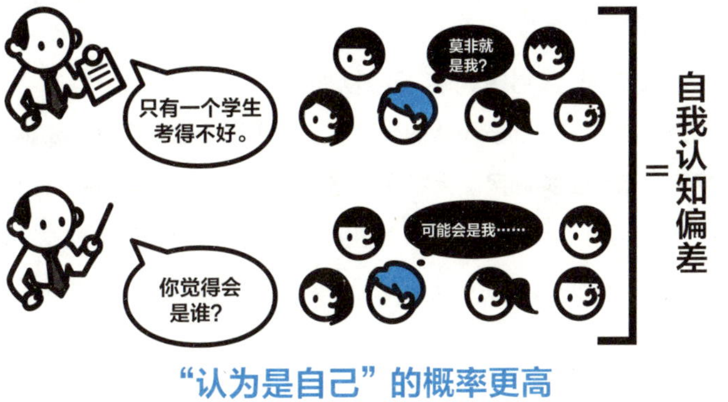

怀疑自己身上会发生不好的事，是自我认知偏差所致。提前想好对策能缓解不安。

第二章

工作中·上午

26

不要使用消极的话语

效果：提升注意力和创造力

——东芬兰大学内乌沃宁团队的研究

●自己说消极的话和别人对你说消极的话效果相同

消极的话语容易让人焦虑并产生压力。当你回顾自己的生活时，有没有发现自己的想法和对事物的看法都在不知不觉间变得消极了？

据说，**大脑不会区分主语。**对别人说“你是坏蛋”时，大脑会听成“我是坏蛋”。

如果真是这样，那么自己说消极的话，就相当于别人用消极的话打击你。

●使用消极话语容易患阿尔茨海默病

东芬兰大学内乌沃宁团队的研究显示，**平时喜欢贬低或指责他人的人，患阿尔茨海默病的风险会提高两倍。**

该研究以老年人为实验对象。研究结果表明，年轻时喜欢骂骂咧咧或使用消极话语的人，会对此形成习惯，“性格越乖僻，越容易患上阿尔茨海默病”。

●消极想法会消耗大脑能量

大阪大学的苧坂团队通过脑科学实验证明，消极的心情容易损伤记忆力。

出现消极的心情后，大脑为了努力将它转换成积极的心情，需要消耗更多的能量。

如此一来，大脑用于维持记忆的能量就会减少，记忆力和注意力自然也就会降低。这会让我们在工作或学习时更容易遇到障碍，进而产生更多压力。

●粗暴的话语等于诅咒

南加利福尼亚大学的波拉特和佛罗里达大学的埃雷兹研究了粗暴的话语会对人产生怎样的影响。

研究显示，语言粗暴的人不仅自己的工作效率会降低 61%，创造力会降低 58%，还会使周围的同事工作效率降低 33%，创造力降低 39%。

光是听到他人使用粗暴的话语，处理工作的能力就会降低 25%，创造力就会降低 45%。

粗暴或贬损的语言会给大脑与内心带来巨大的影响，程度远远超过我们的想象。

粗暴的话语不仅会伤害自己，还会伤害别人，与诅咒无异。

●如何应对消极想法？

容易产生消极想法的人，应该尽可能想办法控制消极想法的蔓延。

比方说，我们可以利用大脑无法区分主语的特点，有意识地去说一些积极话语。正如本书第 136 页所说，对自己说积极话语的效果十分显著。

我们还可以提前为自己的消极想法想好对策，本书第 24 页的**“如果……那就……”计划**就十分有效。

容易产生消极想法的人，可以提前想好对策。

第二章

工作中·上午

27

不要被证实偏差欺骗

效果：消除假设和偏见

——伦敦大学学院沃森的研究

●证实偏差存在于日常生活中的方方面面

人们通常“只看得见有利于自己的意见和价值观的信息”。

这种偏见就像滤镜，一旦对某个人产生厌恶，就只会从他的行为中收集“他是坏人”的信息，长此以往，收集到的信息会日积月累。

有了这样的心理后，人会产生**证实偏差**，想法就会朝着“他是坏人”的方向发展，对他好的一面视而不见。

证实偏差存在于日常生活中的方方面面，我们在接收信息时，一定要多加注意。

证实偏差会扭曲我们的看法，使我们对厌恶的人和事更加厌恶。所以，千万不要被自己的偏见蒙蔽。

●开阔视野，可以防止出现证实偏差

关于证实偏差，伦敦大学学院的沃森曾经做过一个有名的实验。

沃森让实验对象观察写有数字的卡片，并找出数字的排列规律。

规律其实很容易发现，但实验对象都按照先入为主的假设思考问题，最后只有 20% 的人给出了正解。

这就是只看符合自己假设的信息而产生的证实偏差。

我们应该意识到，每个人都有证实偏差，我们要做的就是尽可能不陷入负面的偏见。

等你看到本书第 102 页介绍的**沉没成本**时，就会发现执念造成的损失有多大。

只要我们从多个角度看待事物，同时关注事物好的一面，就不会被证实偏差蒙蔽。

这样，我们周围的世界也会改变。

证实偏差

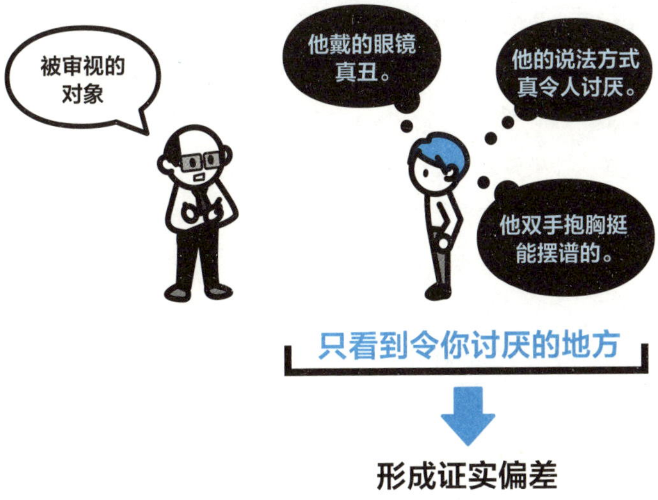

经常开阔视野，不要被证实偏差蒙蔽。

28

模仿喜欢的人

效果：恢复自信，提升决断力

——南丹麦大学阿纳利蒂斯团队的研究

●模仿喜欢的人，能够提升表现

不少人缺乏决断的自信，时常怯懦和不安。

如果你缺乏自信，可以尝试去模仿自信的人。这看似简单的行为背后实际上存在着科学依据。

南丹麦大学的阿纳利蒂斯团队做了一项研究，通过对 1.4 万名实验对象的调查发现，相比“模仿多数人的选择”，“模仿喜欢的人的选择”会带来更积极的效果。

不过，如果只是想获取经验，“模仿多数人的选择”也很有效。

如果你对自己没有信心，可以想象上司、同事、挚友或者值得信赖的人**“在这种情况下会怎么做”，模仿他们的做法，会对你有所帮助。**

●模仿是一种厉害的战略

在商界，有一条叫作“TTP”的成功法则。TTP 是日语中“彻底模仿”的简称，强调“模仿是创造之母”。

确实，在模仿的基础上进一步发展，最终取得成功的企业不胜枚举。工业和艺术领域的成功案例中也都存在着一定程度的模仿。

●获取自信的好办法

遇到喜欢的店铺或商品，我们常常会参考其他消费者给出的好评，从而得到满足。

循着别人的足迹来满足自己，这样的做法屡见不鲜。

这么想来，通过模仿喜欢的人来提升自信心，也就没那么不可思议了。

做出选择的不是没有自信的你，而是模仿信赖之人的你。想到信赖之人，你的自信就会神奇地迸发出来。

因此，如果你没有自信，不妨先模仿你尊敬的人。

模仿喜欢或尊敬的人

如果没有自信，那就模仿你喜欢、尊敬或崇拜的人。

专栏二

人是一根会思考的芦苇，但思虑过多会产生压力

“人是一根会思考的芦苇。”

这是哲学家布莱士·帕斯卡的名言。在大千世界中，人只不过是一根芦苇，但是人有思考的能力，因此才十分伟大。从这一点来看，思考也是人之所以为人的重要标志。

思考非常重要，但思虑过多就会产生问题，这也可以说是现代人的通病。具体而言，思虑过多容易犯错，或者影响决策，让人踌躇不前，进而产生心病。

为了避免思虑过多，确立规则就显得十分重要。就像本书第 24 页介绍的“如果……那就……”计划，在紧张不安时，我们可以通过确立规则来打消无谓的念头。

在饭店，当你看到种类繁多的菜肴而不知如何选择时，可以问问大厨的意见；当你精神不济时，不要光想着给自己的磨磨蹭蹭、止步不前找借口，而是应该告诉自己“虚度光阴是人生大敌”，然后大胆尝试。如果某件事已经像流程一样令你习以为常，你就会自然而然地处理它，不处理反而会感到不舒服。

相比已经做完的事，没有做完的事更容易令人不安和后悔。既然不做也会后悔，不如干脆放手去做。为了不让自己想太多而提前确立规则，可以让生活中的压力减轻许多。

第 三 章

【午休】

补充动力的科学方法

29~39

午休 29

不要强忍着饥饿不吃东西

效果：缓解焦虑和愤怒

——俄亥俄州立大学布什曼团队的研究

●玩偶实验证明，人越饿越容易暴躁

据说，**空腹会刺激与情绪相关的激素和自律神经等众多组织。**

对此，俄亥俄州立大学的布什曼团队做了一项非常有趣的研究。研究结果表明，持续的空腹状态会使人的焦虑不断增加。

布什曼团队的实验选取了 107 对夫妇，让他们在 21 天内互相听对方说自己的坏话，并且在他们枕边放上了长相类似对方的玩偶和 51 根针。结果发现，血糖越低的人，用针扎玩偶的次数越多。

血糖降低后，就会产生空腹感、无力感，思考能力也会随之下降。所以，人越饥饿，就越难以控制自己，也越容易通过扎玩偶来发泄情绪。

●空腹时，5-羟色胺会减少

空腹时，维系内心安定的重要物质 5-羟色胺（“快乐激素”之一）就会减少。5-羟色胺减少后，人就容易患上抑郁症、失眠症等精神疾病。**为了避免 5-羟色胺减少，规律饮食很重要。**

●空腹会对情绪和行动产生负面的影响

北卡罗来纳大学教堂山分校的麦科马克和林德奎斯特做了一项实验，研究“空腹会对人的情绪产生怎样的影响，以及如何产生影响”。

实验对象分为两组，一组是 118 名 5 个多小时没吃饭的大学生，另一组是 118 名在实验前吃饱了饭的大学生。

研究人员先让各组中的一半学生写下描述自己感受的随笔，让剩下的一半学生写下中性的、与个人感受无关的随笔。

然后，研究人员让学生们在电脑前进行长时间作业，在工作即将完成时让电脑突然死机。

最后，研究人员让学生们做调查问卷，谈谈自己对这一连串事件的感受。

结果显示，所有学生的内心都产生了情绪波动，但长时间空腹的学生对自己的愤怒毫无掩饰。

由此可见，为了不产生太大压力，感到饥饿的时候就该好好吃东西。这个看似简单的道理，希望大家能够记住。

空腹时，攻击性会增加

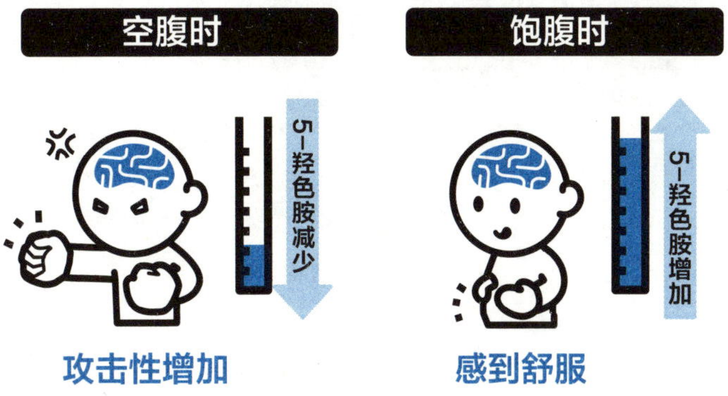

为了避免压力堆积，饿的时候就吃点东西。

第三章

午休

30

敲击脑门

效果：防止暴食，缓解不安

——纽约市圣路加医院韦尔团队的研究

●敲击脑门可以防止饮食过量

压力增加时，很容易饮食过量。这时，**连续敲击脑门，涌现的食欲就会消退。**

纽约市圣路加医院的韦尔团队做了一项非常有趣的实验。研究人员将有肥胖倾向的实验对象分为四组，让他们分别用四种方法来抑制食欲。

第一组 用手指敲击自己的脑门 30 秒，重复 4 次

第二组 用手指敲击自己的耳朵 30 秒，重复 4 次

第三组 用手指敲击地板 30 秒，重复 4 次

第四组 用手指敲击空白墙壁 30 秒，重复 4 次

结果显示，每一组重复的动作都会对食欲产生一定的抑制效果，但**第一组**敲击脑门的效果最明显，**食欲减少了三分之一到一半。**

●敲击脑门可以消除不安

除了脑门，眉毛、眼眶、眼下、下颌、锁骨等部位也都可以敲击。这是一种情绪释放法（emotional freedom technique），不过其效果还存在争议。

2016 年，本 - 古里安大学的克隆德对此前情绪释放法的相关研究进行了综合分析。分析结果证明，**情绪释放法能有效缓解不安。**

此外，克隆德还证明了情绪释放法对创伤后应激障碍（PTSD）和

抑郁症有一定的疗效。

因此，当你感到焦躁或者想减肥的时候，敲击脑门或眉骨就可以消除内心的不安，同时还能控制食欲。

敲击脑门

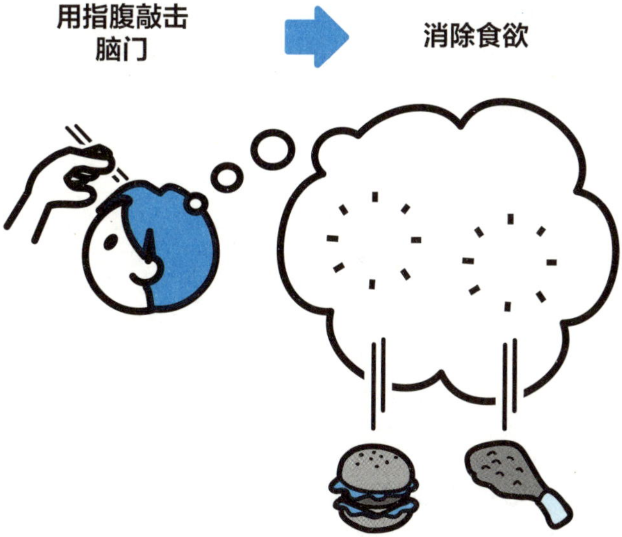

敲击脑门可以缓解不安、降低食欲。

31

自拍

效果：缓解焦虑和不安，提升共情力

——加利福尼亚大学尔湾分校陈团队的研究

●自拍能提升自信心

如果你不够自信，可以使用手机的自拍功能，通过自拍来展现全新的自己。

加利福尼亚大学尔湾分校陈团队的研究显示，坚持自拍，可以让我们的心态变得更加积极。

陈团队将 41 名实验对象分为三组，让他们每天分别按照三个条件进行拍摄，持续 4 周。

第一组 拍摄自己的微笑

第二组 拍摄让自己快乐的照片

第三组 拍摄让别人快乐的照片

结果显示，**第一组** 的精神状态最好。

●只要持续拍摄积极画面，就能产生积极的效果

有趣的是，除了 **第一组** ，其他两组在实验中也有了一定的变化。比如，**第二组** 过了三周后变得更加体贴，开始对微小的事情充满感激之情。

此外，**第三组** 在处理人际关系时压力最小，焦虑也最少，因为这一组在持续开展利他行为，处理人际关系时能考虑得更加周到。

智能手机的功能很多，拍摄功能可以帮我们获得更多的快乐。

●将自拍照上传到社交平台会适得其反

如果自拍的目的是把自拍照上传到社交平台，从而得到别人的认可，那就另当别论了。

有调查显示，社交软件是各种麻烦和压力的诱因。因此，自拍时不要目的性太强。

持续的自拍会让人的心情变得更好。此外，如果你想让自己更体贴，那就拍摄让自己快乐的照片；如果你想减少人际关系中的压力，那就拍摄让别人快乐的照片。你可以根据自己不同的需求去拍摄。

手机拍摄功能让我们获得更多快乐

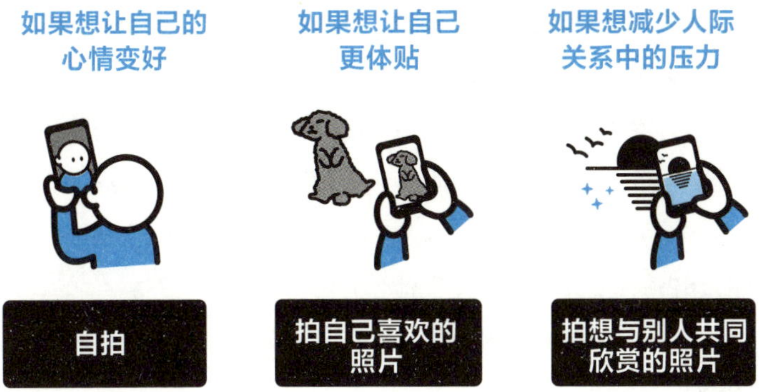

要想减少压力，可以坚持快乐地拍照。

犹豫时抛硬币决定

效果：减少迷茫，提升决断力

——芝加哥大学莱维特的研究

●决断力和压力有一定关系

“两件衬衫都不错，该买哪一件呢？”

“两家餐厅的氛围都很好，到底该预订哪一家呢？”

这些看似琐碎的事情往往会意外地让人产生压力。如果最后的决定不如意，还会产生更大的压力和负面情绪。

●通过抛硬币来做决定能提升幸福感

“到底该选哪一个？”这类问题带来的压力，有一个方法可以缓解。

芝加哥大学的莱维特为了研究“面对人生的重要选择时，无法决断的人会怎么做”，专门制作了一个可以在线抛硬币的网站。

测试者需要将难以决断的事情写在网站上，然后点击页面上的硬币。硬币正面表示“做”，硬币反面表示“不做”，这样事情便简单了许多。

莱维特用一年时间收集了4000个人的烦恼，然后询问测试者们“通过抛硬币做决定后，人生发生了什么变化”。

测试者们输入最多的烦恼是“要不要辞掉现在的工作”，其次是“要不要离婚”。

用抛硬币来处理这些棘手问题，可行性着实令人生疑，但结果显示，**63%的测试者都的确按照抛硬币的结果做了决定。**

这项研究还显示，**通过抛硬币来解决烦恼的人，半年后的幸福感均得到了提升。**

当我们的行动和内心产生矛盾，又想保持两者的一致性时，我们就容易陷入**认知失调**。

自己做决定之所以会产生压力，是因为担心做出决定后难以说服自己。

对此，我们可以将决定权交给硬币，干脆让它来替自己做决定。这样不会产生无端的烦恼，结果也通常会令人满意。

通过抛硬币来做决定

因为无法决断而烦恼时，干脆通过抛硬币来决定。

第三章

午休

33

看喜剧

效果：提升注意力和工作效率

——华威大学奥斯瓦尔德团队的研究

●看喜剧能提高工作效率

当我们因为压力太大而意志消沉时，即使投入工作，也毫无干劲。这时，可以打开手机看看喜剧。

华威大学奥斯瓦尔德团队的研究显示，**以快乐的心情投入工作时，效率会提高 12%。**

研究人员选取了 713 名实验对象，让他们做简单的计算题。

实验对象分为四组，每组又分为两队，一队人执行以下条件（A 队），另一队人不执行以下条件（B 队），然后比较他们的工作效率。

第一组 工作前看喜剧

第二组 工作前看喜剧，并延长工作时间

第三组 工作期间吃巧克力和水果等

第四组 工作前做问卷，回想最近家里发生的伤心事

结果显示，**第一组** 中看喜剧的 A 队比没看喜剧的 B 队工作效率高；**第二组** 中看喜剧的 A 队幸福感更强、表现更好；**第三组** 中同样是 A 队的表现更好；**第四组** 中则是 A 队的工作效率较差。

如果情绪低落，注意力就会降低，这不难推测。吃甜食可以提升注意力，这也不难理解。但只是看喜剧就能提升 10%~12% 的工作效率，这个结果令人意外。

●看喜剧能提高工作精细度

马里兰大学的伊森团队做了一项实验，让实验对象先看喜剧或中性的影像，然后用蜡焊接软木板，工作持续 10 分钟。

结果显示，**那些因为看了喜剧而精神焕发的人，工作精细度是其他人的三倍。**

如今，各种视频网站上的资源十分丰富，我们随时可以看到有趣的搞笑视频。休息时不妨看看喜剧，然后干劲十足地投入工作吧。

休息时看看喜剧，能提升后续的工作效率

情绪低落时，可以看喜剧来提升注意力。

腹式呼吸

效果：缓解疲劳、恐慌、不安和紧张

——哈佛大学杜泽克团队的研究

●深呼吸可以缓解慢性压力

当我们疲惫不堪、深感压力或陷入恐慌时，深呼吸可以让我们静下心来。**这是有一定科学依据的。**

哈佛大学医学院的杜泽克团队做过一项关于**放松训练**的研究。

放松训练（relaxation response）是一种用“心力”来克服焦虑、痛苦和不安等负面情绪的方法，类似于通过呼吸来调整意识的冥想法、呼吸法，以及瑜伽、太极拳中的一些放松方法。

实验中，研究人员让实验对象通过放松训练调整心率和血压，减少呼吸次数，同时观察他们的不安感、紧张感是否减少，安全感是否增加。

实验对象分为两组，一组是 19 个长期在做放松训练的人，另一组是 19 个从没做过放松训练的人。研究人员让没有做过放松训练的人接受为期 8 周的训练，观察他们训练前后的变化。

结果显示，**通过放松训练，人体细胞的代谢、活性酵素的生成会逐渐发生变化，慢性的心理压力会得到缓解，无论是短期训练还是长期训练均有效果。**

也就是说，不管是长期坚持放松训练，还是刚刚开始尝试，都会获得一定的效果。

●只靠腹式呼吸就能缓解压力

我们可能觉得冥想法、瑜伽训练等放松方法不够日常，其实只靠深呼吸就能缓解压力。

呼吸大体上分为胸式呼吸和腹式呼吸两种。我们常做的是胸式呼吸，它可以刺激**交感神经**。

当我们感到疲劳、焦虑或生气时，呼吸会变得急促，交感神经也会活跃起来。

与之相反，腹式呼吸则是用鼻子吸气来鼓起腹部，再通过吐气放空腹部，过程中主要是**副交感神经**在发挥作用。

东北大学的高桥和东北文化学园大学的佐藤通过研究证明，**吸气 2 秒后吐气 2~6 秒的腹式呼吸法可以给人带来快感和解压效果。**

深呼吸的时候，不仅要深吸气，关键还要做腹式呼吸。定期进行腹式呼吸，可以有效缓解慢性压力。

腹式呼吸法

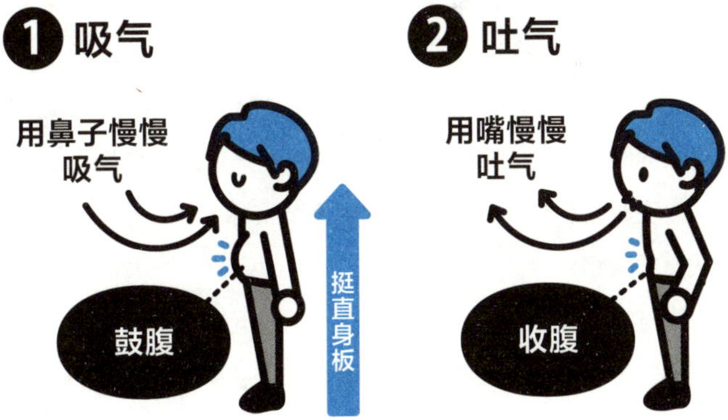

感到疲劳、生气和不安时，
可以通过腹式呼吸缓解压力。

午休 35

放空大脑

效果：提升创造力

——华盛顿大学赖希勒团队的研究

●放空大脑能提高大脑的运转效率

如果赶不上工作进度，人就会产生压力。

华盛顿大学赖希勒团队的研究显示，**大脑放空时，运转效率是平时的 15 倍，更容易想出好点子。**

研究表明，处理事务的大脑和放空的大脑相比，后者负责记忆和价值判断的部位更加活跃。

大脑处理事务时，需要向负责运转的部位提供更多的血液，其他部位就会变得迟钝。**放空大脑可以使能量被传送到各个部位。**

●放空大脑相当于大脑在空转

放空的大脑中，自发活动的部位被称为**默认模式网络**（default mode network）。这是由大脑多个区域构成的网络系统，当脑内各种神经活动被同时调动时，默认模式网络就会对信息进行分析。

大脑放空时看似处于停止运转的状态，实际上是在空转，相当于**开启了默认模式网络。**

令人惊讶的是，据说这种状态能让大脑的运转效率提高 14 倍。

当我们去洗手间或淋浴时，大脑处于放空状态，也就是开启了默认模式网络，因此最容易产生灵感。

●放空大脑，更有可能产生奇思妙想

当我们专注于某件事时，注意力自然会集中起来，然后朝着目标努

力前进。大脑就像开足了马力，奔驰在高速公路上。

当大脑开启默认模式网络时，就像驶入了平时不怎么熟悉的新路。为了发现隐藏在路边的小店，**能量会被供给大脑的各个区域，让你有意想不到的发现。**

专注时的大脑和放空时的大脑

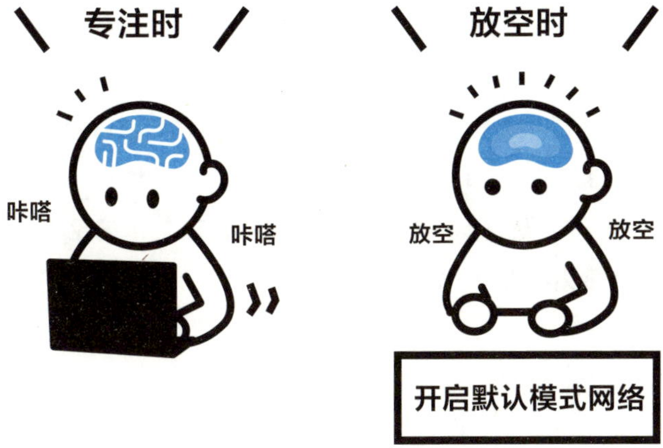

当工作效率低下时，与其焦急地工作，
不如放空大脑，这样更容易想出好点子。

午休

36

冥想

效果：缓解脑疲劳，提升注意力和记忆力

——加利福尼亚大学洛杉矶分校齐格勒团队的研究

●冥想可以提升工作记忆能力

当压力堆积时，大脑会变得迟钝，注意力也随之降低。**经科学证实，冥想能唤醒大脑，提升表现。**

加利福尼亚大学洛杉矶分校的齐格勒团队研发了一款移动软件，用于研究冥想的效果。

研究人员选取了 59 名 18~35 岁的实验对象，让他们观看有关冥想方法的视频，然后使用移动软件进行冥想，6 周后通过监测脑电波查验效果。

实验对象每次冥想的时间为 10~15 秒，其间专注呼吸，移动软件会记录他们的表现。这做起来十分简单。

结果显示，6 周后，**实验对象的注意力和工作记忆（working memory）能力都得到了显著提升。**

●冥想可以减少皮质醇分泌

加利福尼亚大学洛杉矶分校的埃佩尔团队对 60 个人进行了一项为期三个月的集中冥想实验。结果显示，**冥想可以有效提升自控能力，减少消极情绪。**

世界各地都有关于冥想的研究，各项实验都证明了冥想有缓解压力的作用。

比如，全印度医学科学院的辛格团队做了一项为期一个月的实验，以做游戏的方式让充满压力的人进行 15 分钟的冥想，然后监测他们的皮电反应、心率以及唾液中的**皮质醇**含量。

结果显示，这些人不仅压力降低了，而且令人惊讶的是，**他们的智商与认知能力也得到了提升。**

●冥想可以使默认模式网络活跃

齐格勒团队的研究表明，冥想之所以有许多积极效果，主要原因是冥想可以活跃**默认模式网络**。

在充满压力的当今社会，冥想可以帮我们提高生活质量，称得上是“不花钱、不浪费时间、人人都可以学习的减压良方”。

冥想的积极效果

- ☑ 提高注意力
- ☑ 提高工作记忆能力
- ☑ 提高智商
- ☑ 提高认知能力
- ☑ 减少负面情绪
- ☑ 降低压力
- ☑ 提高自控能力

要想消除压力、提升工作表现，可以尝试冥想。

第三章

午休

37

午睡

效果：改善睡眠不足，缓解脑疲劳，提高工作效率

——美国航空航天局罗斯金德团队的研究

●浅睡 26 分钟后，工作效率会提高 34%

要想提高下午的工作效率，午睡必不可少。日本厚生劳动省也肯定了这一说法。

为了证明午睡的效果，美国航空航天局做了一项研究。结果显示，**午睡 26 分钟后，工作效率较休息前提高了 34%。**

困意的出现，是因为掌管语言、记忆、思考等功能的大脑皮质陷入了疲劳。要想继续高效工作，关键要想办法快速恢复大脑皮质的状态。

美国航空航天局的罗斯金德团队做了一项实验，让飞行员们在驾驶舱中浅睡。结果显示，**休息 26 分钟后，飞行员的表现最好。**

●疲劳时，闭目养神 5 分钟也是好的

罗斯金德团队还指出，如果休息时间超过 30 分钟，工作效率反而会因此降低。

假设午休时间为 1 小时，那么可以用 30 分钟吃饭、20 分钟浅睡，这样下午的工作效率就会得到提升。

此外，**只要闭目养神，大脑就会产生缓解疲劳的 α 波。因此，当你觉得困倦时，闭目 5 分钟也能消解疲劳。**

●午睡 15 分钟可以增强大脑的认知功能

日本产业医学综合研究所的高桥团队也通过实验得出了类似的结论。实验对象分为三组，分别需要执行以下条件：

第一组 午饭后不午睡

第二组 午饭后午睡 15 分钟

第三组 午饭后午睡 45 分钟

然后，在实验对象午饭前、午饭 30 分钟后和午饭 3 小时后，研究人员会监测他们负责认知功能的脑电波、心电图，再让他们根据声音指令按下按钮。

结果显示，在午饭 30 分钟后和 3 小时后，**第二组** 的大脑反应都比 **第三组** 和 **第一组** 灵敏。

此外，相比没有午睡的 **第一组**，**第二组** 和 **第三组** 下午基本不会再有困意。

可见，午睡不仅可以减少困意，还可以提神醒脑。这种效果甚至会持续 3 个小时以上。

●要想头脑清晰，午睡前可以喝杯咖啡

如果想在午睡后立刻进入头脑清晰的状态，那么可以在午睡前喝杯咖啡来摄取咖啡因。**咖啡因进入人体约 30 分钟后会发挥功效，醒来后刚好能起作用。**

有困意时不要强忍，干脆午睡一会儿。

第三章

午休

38

用凉毛巾擦脸

效果：减少困意，缓解疲劳，放松身心

——日本电力中央研究所广濑和长坂的研究

●如果没有时间午睡，可以用凉毛巾擦脸

吃完午饭后，在下午的工作中容易犯困，效率低下。如果饭后没有时间午睡怎么办？在这种情况下，最有效且简单的醒脑办法就是用凉毛巾擦脸。

日本财团法人电力中央研究所人为因素研究中心的广濑和长坂，选取了 8 名 20 岁左右的青年进行了一项持续数天的实验。

实验对象分为四组，先在 50 分钟内做计算或检索之类的简单题目，然后分别按以下四种方式休息 15 分钟，再接着做题。

第一组 仅闭目养神

第二组 闭目养神 + 听音乐

第三组 闭目养神 + 用凉毛巾擦脸

第四组 闭目养神 + 听音乐 + 用凉毛巾擦脸

研究人员利用脑电波监测仪分析了他们休息前后的做题情况、困意情况和注意力的差异。

结果显示，**用凉毛巾擦脸不仅可以令人在休息后身心爽快，还可以有效提高工作效率。**

8 名青年中有 6 名认为“闭目养神 + 用凉毛巾擦脸”的醒脑方式效果最好。

●快速清醒的方法

日本电力中央研究所人为因素研究中心还通过其他实验证明，除了用凉毛巾擦脸，玩游戏、做拉伸运动等都有助于我们快速醒脑。

此外，要想保持之前的工作状态，用凉毛巾擦脸、喝咖啡、玩游戏、摄入大豆肽等都是有效的方法。**休息后应该留 10 分钟左右的时间摆脱睡眠惯性（介于睡眠和清醒之间的蒙眬状态）。**

让我们在闭目养神之后用凉毛巾擦脸，以清醒的状态投入下午的工作吧。

困意来袭时的快速醒脑法

当困意袭来、工作没法顺利开展时，
“闭目养神 + 用凉毛巾擦脸”能快速醒脑。

午休

39

划船

效果：控制愤怒

——科隆德国体育学院佩尔斯和克莱纳特的研究

●一个人划船可以控制愤怒

很多人认为，在怒不可遏的时候打沙袋，就能消除压力，然而事实并非如此。

科隆德国体育学院的佩尔斯和克莱纳特选取了若干名 18~34 岁的实验对象，让他们打乒乓球，并通过不公正的方式让他们输掉比赛，进入愤怒状态，然后观察他们更容易通过哪种方式平息怒火。

实验对象进入愤怒状态后，需要做以下 6 种运动，由研究人员测定他们运动前后的愤怒程度。

1 和其他人一起划船

2 一个人打沙袋

3 与人打拳

4 练习接球

5 一个人划船

6 与所有人一起进行划船比赛

结果显示，5 **一个人划船对控制愤怒最有效。**

耐人寻味的是，除了 5，其他几项运动似乎都无法平息怒火。

参与多人运动，要么需要配合对方，要么需要与对手竞争，并不容易让心情平静下来，而一个人打沙袋会刺激肾上腺素的分泌，最终往往适得其反。

●划船这种简单的运动能让内心平静

一个人划船看似是种简单的运动，但它可以让大脑能量全部集中起来，有利于平息怒火，从而令心情逐渐舒缓。

现实中，我们的住所或公司附近未必有可以划船的地方。因此，我们可以选择去划船场亲身体验这项运动，也可以在家里模拟划船。

希望大家尽可能不要生气，如果真的忍不住发火，那就试试划船运动。

一个人划船可以控制愤怒

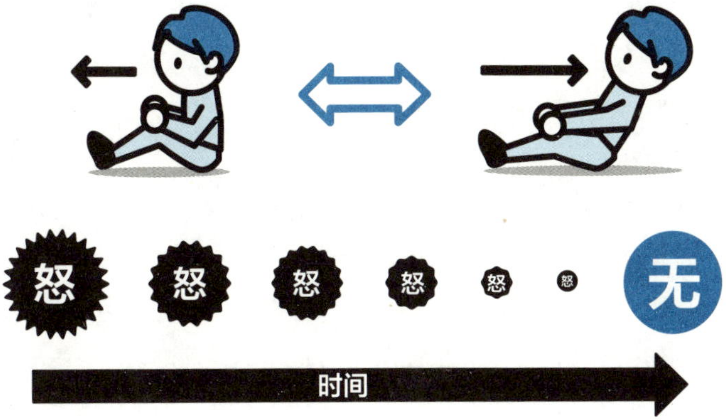

如果忍不住发火，可以一个人划船或做其他简单的运动。

专栏三

动作先于思维是科学常识

是先有思维还是先有动作？我们常常认为，是大脑先向身体发出了“应该这么做”的指令，身体才做出相应的动作。

事实并非如此。加利福尼亚大学利贝团队的实验显示，身体做出动作 350 毫秒后，大脑才得到身体的信号。相较大脑的思考和内心的意志，身体的动作要更快一些。简而言之，动作比思维快。

大脑会通过身体发送过来的信号判断自己的状态。因此，即使强挤出笑脸，大脑也会得到“我很快乐”的信号；即使没有精神，如果强行鼓足干劲，大脑也会认为“身体正在积极运作，我必须输送动力”。

如今在脑科学和心理学等领域，“动作先于思维”已经被视为常识，但若是将这种理论运用于法律层面却会引发许多麻烦。

例如，故意犯罪就是以“我这么想，所以才这么做”为前提。如果“动作先于思维”，就否定了行为的故意，从而难以对犯罪行为进行处罚。因此，法律界仍然以“思维先于动作”为前提做出责任判定，而非依据脑科学理论。

同理，社会也会将“思维先于动作”视为常识。如果你做了某件错事，想用“动作先于思维”来解释，一般情况下不会被接纳。

第四章

【工作中 · 下午】

恢复注意力的科学方法

40~53

第四章

工作中·下午

40

嚼口香糖

效果：缓解不安和疲劳，提高注意力

——科克大学艾伦和史密斯的研究

●嚼口香糖可以提升表现的科学依据

科学研究证明，嚼口香糖不仅可以提高注意力和工作效率，还有益健康。这是因为**嚼口香糖能促进大脑血液流动，进而帮助大脑恢复工作记忆。**

科克大学的艾伦和史密斯选取了126名全职大学教师（女性87名，男性39名）作为实验对象，观察他们在嚼口香糖和不嚼口香糖两种状态下的表现。

实验对象需要先叙述自己在工作中出现的压力、不安、抑郁、疏忽、犯错、疲劳、拖延这7种负面状况。

接着，研究人员将实验对象分为两组，给其中一组一包10条装的口香糖，让他们工作期间感到有压力时嚼一嚼，另一组什么也不给，然后观察两组的区别，以及嚼口香糖的那一组在实验前后的区别。

第一组 工作期间感到有压力时嚼口香糖

第二组 始终照常工作

结果显示，实验结束后，**第一组** 在工作中出现的7种负面状况都有所缓解。**第二组** 则有了更强的松懈感和倦怠感，即使有几种负面状况得到缓解，程度也不及 **第一组** 。

●嚼口香糖可以提升处理新信息的能力

艾伦和史密斯还做了另一项实验，结果显示，**不停地大口咀嚼口香糖还可以提升处理新信息的能力。**

由此可见，嚼口香糖不仅可以缓解压力，还可以帮助大脑恢复工作记忆，从而提高处理新信息的能力。

嚼口香糖的作用

工作中感到压力或透不过气时，可以嚼口香糖。

41

看可爱的照片

效果：缓解焦虑和疲劳，提高注意力

——广岛大学入户野团队的研究

●看小猫小狗的照片可以提升表现

焦虑增加时，注意力就无法集中。广岛大学入户野团队选取约 130 名大学生进行了一项实验，结果显示，**将可爱的物品放在身边，就有可能提高工作效率。**

研究人员将实验对象分为三组，让他们用镊子从洞里夹出小物品，或者从数列中找出指定的数字。

在完成任务的过程中，研究人员让他们分别看不同的照片，然后比较他们的成功率。

第一组 看小猫小狗的照片

第二组 看大猫大狗的照片

第三组 看寿司等食物的照片

结果显示，**第一组** **夹物品、找数字的成功率比平时高出 44% 和 16%**，而其他两组几乎没有任何变化。

●人在看到可爱的事物时会提高注意力

研究负责人入户野认为，当人们看到可爱的事物、产生喜爱之情时，就会想接近对象一探究竟，从而提高注意力。

的确，很多人看到可爱的事物后，就会无意识间产生一种想要进一步查看的欲望。这样一来，注意力就会得到提升，精神集中的状态也会持续。事物越可爱，越有助于我们提高注意力。

●科学已经证明“可爱即正义”

宾夕法尼亚大学格洛克团队的研究显示，**当看到可爱的婴儿时，我们大脑中与干劲、注意力、喜悦等有关的部位会变得活跃。**

因此，注意力松懈时，我们不妨打开手机欣赏一下婴儿或者可爱的小猫、小狗、熊猫宝宝的照片和视频。不过，看得太久会适得其反。研究表明，**看 1~1.5 分钟效果最好，**超过 1.5 分钟就容易深陷其中。

看可爱的照片能让大脑更有活力

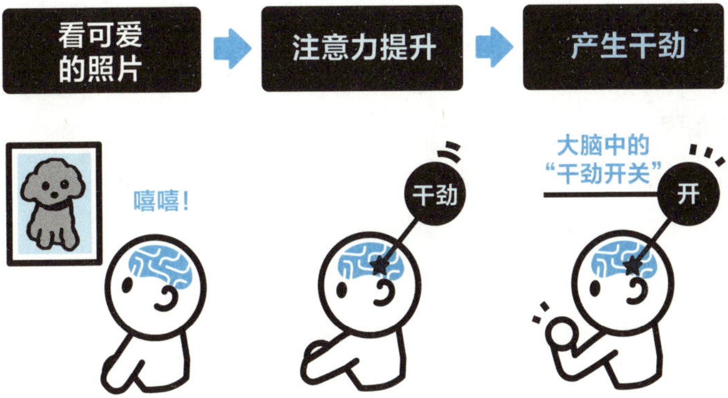

如果注意力难以集中，就花 1~1.5 分钟看看可爱的照片。

第四章

工作中·下午

42

凭直觉判断

效果：提高判断力，缓解疲劳

——拉德堡德大学戴克斯特赫斯团队的研究

●实验证明，不能轻视无意识的判断

不少人思虑过多，导致压力不断增加。拉德堡德大学戴克斯特赫斯团队的实验证明，不能轻视那些浅层的无意识判断。

实验开始时，研究人员告诉实验对象有四辆不同的二手车，其中只有一辆物美价廉。实验对象分为以下两组：

第一组 有充分的时间思考并判断是哪一辆车

第二组 几乎没有时间思考，只能直接猜测

结果显示，在没有任何说明的情况下，**两组选中正确二手车的概率几乎相同。**

但当研究人员告知实验对象车的燃油费、后备厢大小等细节后，第一组选中正确二手车的概率反而降低了 25%。

●不假思索，就是舍弃多余的信息

没有时间思考的**第二组**在知道了更多有关车的信息后，仍有 60% 的人会做出与之前一样的选择。

戴克斯特赫斯团队认为，**他们被剥夺了思考的时间，所以会舍弃多余的信息，对关键信息进行集中处理。**

● 无意识中可以做出优选

为了做出正确的判断，我们可能会去搜集大量信息，却陷入过多的思虑无法自拔，最终导致判断错误，令人哭笑不得。

思虑过多其实是掉入了信息的海洋，这时，依靠直觉判断非常重要。**无意识状态可以让人意外地做出正确的选择。**

有时候，只要我们敢于猜测，或者干脆凭直觉判断，就能做出恰当的选择。

舍弃多余信息，凭直觉判断的科学方法

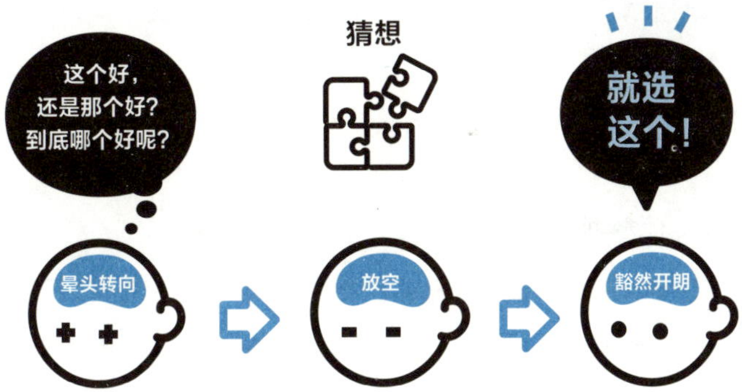

思虑过多而疲惫时，为了避免判断错误，
不如舍弃多余信息，凭直觉判断。

43

闻咖啡豆的香味

效果：缓解疲劳，提高注意力，增加亲切感

——首尔大学徐团队的研究

●咖啡豆的香味有解压作用

当你感到疲劳或有压力时，不妨闻一闻清香怡人的咖啡。实际上，咖啡豆的香味拥有惊人的效果。

首尔大学徐团队的研究表明，**咖啡豆的香味可以唤醒被活性氧伤害的脑细胞，而活性氧是困倦和疲劳的主要诱因。**

研究人员以“正常的白鼠”和“24 小时没睡觉的白鼠”为实验对象，让它们闻咖啡豆的香味。结果显示，因睡眠不足而处于压力状态中的白鼠在闻过咖啡豆后，大脑中原本减少的**抵抗压力的化学分子得到了部分恢复。**

可见，只要闻一闻咖啡豆的香味，就有缓解压力的效果。

●咖啡豆的香味使人感到亲切

伦斯勒理工学院巴伦的研究表明，闻到大型商场店铺中炒好的咖啡豆或者曲奇香味时，如果请求别人帮你捡起掉落在地上的笔或者兑换纸币，对方往往会爽快答应。

不难想象，**咖啡豆的香味可以给人带来亲切感。**此外，也有研究证明对他人有益的亲社会行为（prosocial behavior）可以提升我们的幸福感，让我们的心情加倍快乐。

●晚上不要喝咖啡

当然，有一点需要注意，那就是晚上最好不要喝咖啡。

喝完咖啡后，咖啡因会残留在我们体内。一般来说，**一杯咖啡中大约会有一半咖啡因在我们体内残留 5~7 小时。如果晚饭后喝一杯咖啡，那么其中一半的咖啡因会在体内残留到深夜。**

许多人起床后会觉得“没睡好”，实际上就是前一天晚上摄入的咖啡因在捣鬼。

咖啡可以驱赶困意、提高注意力，但是晚上喝咖啡就会有难以入睡等副作用，需要多加注意。

我们很容易就能在便利店买到刚刚做好的浓香咖啡。当我们感到有压力时，不妨喝一点咖啡。而泡咖啡、买咖啡的行为也能起到解压作用。

喝咖啡能够提高注意力

如果工作时无法集中注意力，
那就喝一杯浓香的咖啡来缓解大脑疲劳。

44 做一些与工作无关的事情

效果：提升判断力，缓解疲劳

——坎特伯雷大学赫尔顿和拉塞尔的研究

●短暂休息可以提高工作效率

一项十分有趣的研究显示，**相比持续紧张地工作，定时短暂休息可以有效维持注意力。**

坎特伯雷大学赫尔顿和拉塞尔的研究选取了 266 名 17~60 岁的实验对象，让他们持续辨别画面上椭圆出现的位置。实验对象分为以下三组：

第一组 中途休息 2 分钟

第二组 中途插入其他数字、文字题目

第三组 一直不休息

结果显示，**第一组** 的成绩最好。后面两组中，**第二组** 的成绩相对较好，而长期做同一项工作的 **第三组**，表现和反应能力都是最差的。

由此可见，短暂的休息可以提高工作效率。

●做一些与工作无关的事情，可以重启大脑

伊利诺伊大学香槟分校的阿里加和列拉斯认为，除了中途休息，像上述 **第二组** 那样做其他题目，也可以提高工作效率。

实验中，实验对象会看到一组线条，如果实验对象认为画面上显示的线条更短，那就按下按钮，同时还需要记住 2~9 之间随机出现的 4

个数字。实验对象分为以下两组：

第一组 先看数字，接着识别线条，在识别线条的间隙，研究人员询问他们是否记住了数字

第二组 先看数字，接着识别线条，一切结束后，研究人员再询问他们是否记住了数字

结果表明，**第一组** 能更好地持续识别线条。

可见，**在工作中插入其他无关的事情，再切换回工作状态时，效率就能提高。**

也就是说，相比"做完 A 再做 B"，齐头并进地做两件事效果反而更好。

齐头并进，一举两得

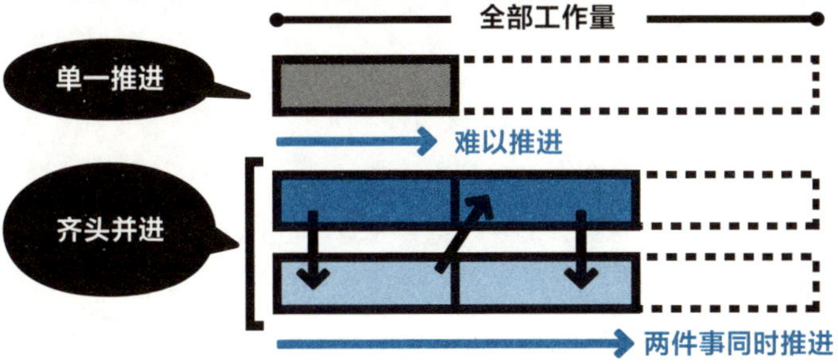

要想提高效率，可以在工作间隙做一些无关的事情，或者两件事同时推进。

45

玩 3 分钟“俄罗斯方块”

效果：缓解脑疲劳，控制欲望

——普利茅斯大学斯科尔卡-布朗的研究

●玩 3 分钟“俄罗斯方块”可以控制欲望

“想吃甜食”“想出去玩”“想睡一会儿”……人一旦产生欲望，需要克制时就会不断产生压力。

普利茅斯大学斯科尔卡-布朗的研究显示，**玩“俄罗斯方块”可以有效抑制食欲、困意、性欲以及对药物的依赖。**

研究人员选取了 31 名学生，每天向他们发 7 次信息询问：“你现在想要做什么？”学生会回答自己想睡觉、想吃东西等。之后，研究人员让其中 15 名学生用平板电脑玩 3 分钟左右的“俄罗斯方块”。

游戏结束后，数据显示**他们的欲望平均降低了 20%**。实验对象每周平均玩“俄罗斯方块”40 次以上，它对欲望的抑制作用并没有因此而降低。

●玩“俄罗斯方块”可以激发工作记忆能力

“俄罗斯方块”作为一种益智游戏，难易度适中，设计合理，可以有效地帮我们集中思维，训练视觉专注力。当然，别的益智小游戏也有类似的效果。

此外，玩“俄罗斯方块”还能激发**工作记忆**能力，让我们有效记忆和处理临时的必要信息。

工作记忆与大脑前额皮质密切相关，而前额皮质掌管理性思维，可以抑制**边缘系统**的本能欲望。玩益智游戏需要大脑强大的处理能力，当大脑集中精神时，就可以减少本能欲望。

当欲望相关的视觉信息被“俄罗斯方块”覆盖时，本能欲望就会得到控制。

因此，当我们感到困倦或饥饿时，不妨玩 3 分钟“俄罗斯方块”来“救急”。这个小游戏可以成为帮我们控制欲望的工具。

通过玩简单的游戏控制欲望

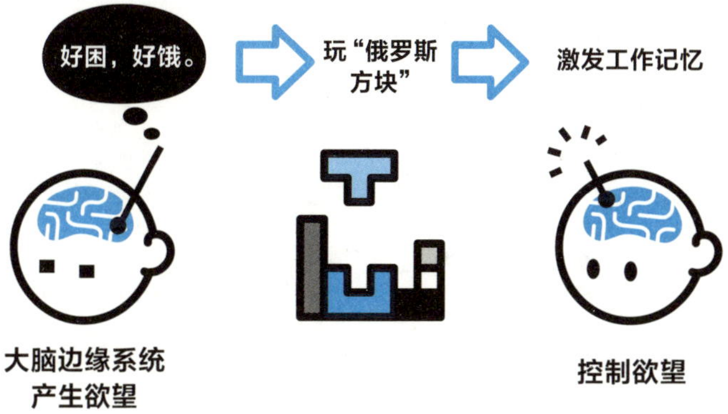

要想抑制困意、食欲等欲望，
可以玩 3 分钟益智小游戏。

46 不要久坐

效果：有益健康，提高决断力

——哈佛大学医学院李团队的研究

●久坐会增加患病和死亡的风险

哈佛大学医学院的李团队进行了一项关于“坐”的研究。研究显示，**长时间坐着不动，患心脏病的风险会增加 6%，患糖尿病的风险会增加 7%，患乳腺癌的风险会增加 10%，患大肠癌的风险也会增加 10%。**

该研究表明，如果避免久坐，那么早死率就会降低 9%，如果久坐者能增加10%~25%的步行量，那么每年就会有50~130万人免于死亡。

●久坐会促生疲劳和压力

很早之前就有观点认为，活动身体时，以大脑为首的中枢神经会更有效地工作。

而久坐则会导致记忆力下降、注意力涣散。如果白天没怎么动弹，**交感神经**和**副交感神经**就无法顺利交替工作，结果就会引发自律神经紊乱，晚上睡不好觉。自律神经如果无法在夜间得到恢复，第二天就容易产生疲劳和压力。可见，久坐是压力的主要诱因。

●使用站立式办公桌

近年来，谷歌、脸书等公司为员工配置了站立式办公桌。得克萨斯农工大学的梅塔团队选取了 34 名高中生作为实验对象，让他们在 24 周内使用站立式课桌，发现他们的大脑机能和**工作记忆**能力均因此得到了改善。

密苏里大学布鲁多恩团队的研究显示，在做决策的时候，站立办公的人比坐着办公的人效率高 33%。

早稻田大学的黑泽团队进行了一项面向 400 多个日本人的调查，结果显示，许多日本人平均一天要坐 8.5 小时以上。

正因为我们久坐成习，所以更应该通过主动休息、站立办公等方式来避免久坐。

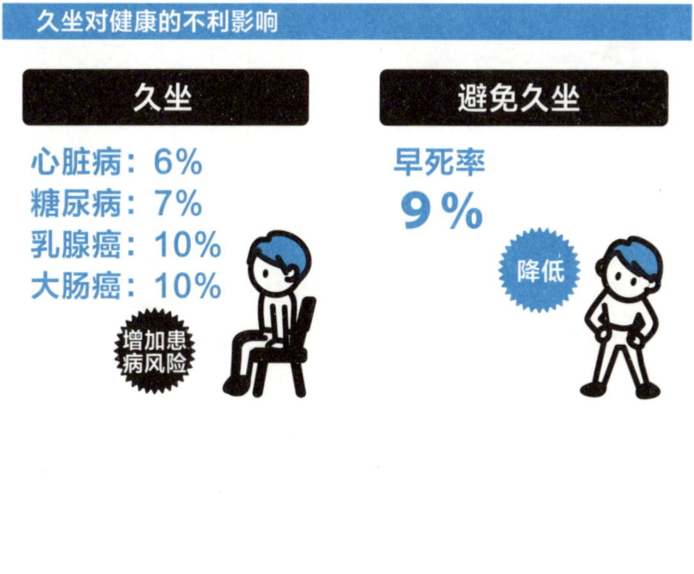

为了身体健康和工作效率，注意不要久坐。

47 用第三人称表达

效果：缓解压力，控制情绪

——密歇根州立大学莫泽团队的研究

●表达时用“他”而不用“我”，可以让人更冷静

当我们感到焦虑或有压力时，一种恢复冷静的有效手段就是客观地审视自己。这时候，“语言”能发挥神奇的效果。

密歇根州立大学的莫泽团队让实验对象观看他们讨厌的画面，然后将他们分为以下两组：

第一组 用第一人称问自己：“现在‘我’的感觉是什么？”

第二组 用第三人称问自己：“现在‘他’的感觉是什么？”

在此过程中，研究人员用脑电波监测仪和功能性磁共振成像技术监测他们的脑部活动。

结果显示，**在实验过程中，相比使用第一人称的 第一组 ，使用第三人称的 第二组 涉及情绪的脑部活动快速减弱。**

●使用第三人称可以客观审视自己、抑制情绪

当我们**用第三人称描述自己时，可以客观地审视自己，从而抑制自己的情绪。**充分利用第三人称的表达方式，可以轻松掌握控制情绪的方法。

对此，莫泽团队通过另一项实验给出了证据。实验对象分别用第一人称和第三人称回忆过去的痛苦经历，研究人员会同时监测他们的脑部活动。

结果显示，实验对象**用第三人称回忆时，脑部掌管伤心、痛苦等情绪的部位活动较少，**而消耗的能量与使用第一人称回忆时无异。

毕达哥拉斯有句名言：“愤怒始于愚蠢，终于懊悔。”用第三人称表述，就像拥有了客观审视自己的“神之眼”。

用第三人称表述可以使人冷静

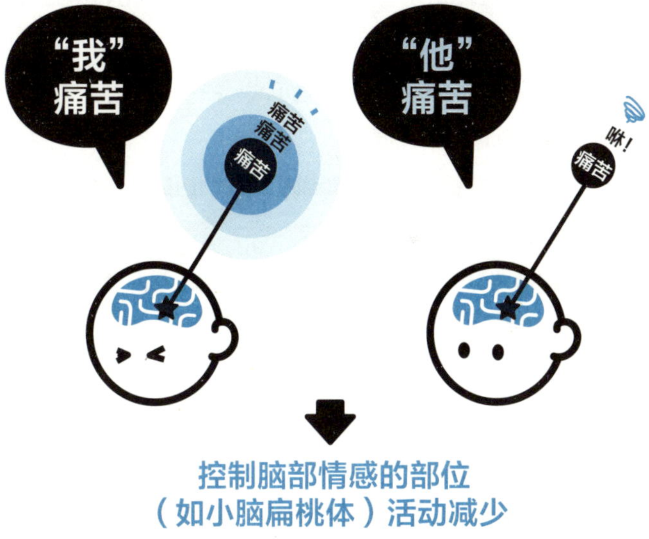

难受、痛苦的时候，要想恢复冷静，
可以尝试用第三人称思考和表述。

第四章

工作中·下午

48

不要穷追不舍

效果：控制执念

——明尼苏达大学斯维斯团队的研究

●花费的时间和金钱越多，越无法收手

“我如此费心地照顾那个人，一定有好结果”“摆盘如此精美，不可能不好吃”……人对自己花费的时间和金钱总是抱有执念。

经济学将**无论怎样都无法收回的时间和资本**称为**沉没成本**。简而言之，我们投资某件事后会觉得“就这样放弃太可惜了，再稍微努力一点，肯定没问题”，然后继续投入时间和金钱。

持续投入金钱、时间和精力，明明知道已经损失惨重，依然不肯收手——这就是我们判断失误的原因。

人对沉没成本十分敏感，即使知道有更好的选择，也会在做出判断时把沉没成本考虑进来。

这和人类的本能有关。有趣的是，这种行为不仅人类有，其他动物也有。

●不愿放弃沉没成本是动物的本能

明尼苏达大学的斯维斯团队做了一项实验，先让小鼠、大鼠和人各自等待一段时间，给予他们奖励，然后再让他们等待一段时间，不给他们奖励。

结果显示，无论是小鼠、大鼠还是人，都舍不得在等待过程中放弃，即使最后没有得到奖励，也不会停止没有回报的等待。沉没成本越大，他们就越不愿意放弃。

这是动物在进化过程中形成的本能，他们将此前的经历作为预测未

来的标准。已经发生的事确定无疑，所以他们想当然地认为，在不确定的未来也会发生同样的事。

请牢记“沉没成本”这一概念。**为了不继续做毫无意义的投资，最好与沉没成本划清界限。**这样一来，就不会对所谓的“回转资金”抱有期待，自身的压力也会减轻。

沉没成本越大，损失越大

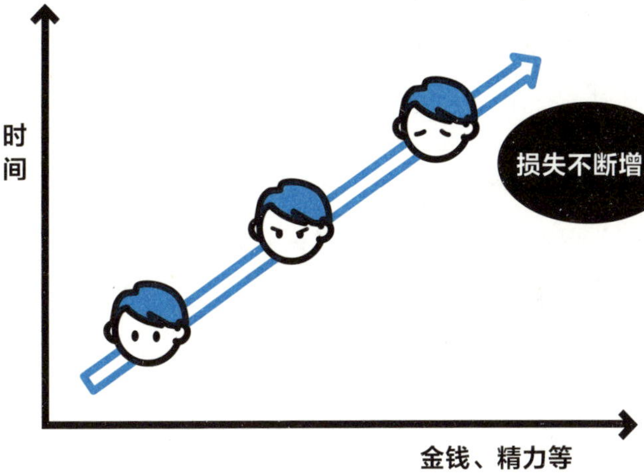

花费的金钱、时间、精力越多，越容易产生执念。

第四章

工作中·下午

49

手浴

效果：减轻压力，提高干劲和注意力

——北海道大学矢野团队的研究

●泡温泉具有减压作用

泡温泉可以治愈心情，这种理论具有科学依据。泡温泉确实具有减压效果。

札幌市立大学的渡边与北海道大学的研究人员一起做了一项实验。研究人员让8名女性泡10分钟温泉，并在入浴前后30分钟内都保持安静，然后通过问卷调查和监测脑电波、心率、体内温度、皮肤温度等来评判泡温泉的效果。

脑电波分析显示，这些女性泡温泉后，“悲伤情绪”减少了，“良好的心情”和“舒适感”增强了。

此外，泡温泉后，她们的睡眠质量比平时更好，第二天的干劲和注意力也得到了提高。

●手浴能带来和泡温泉一样的幸福感

对此，有人可能会说：“我当然知道泡温泉的功效了，但是没有时间去泡。”那么我建议大家试试手浴。

北海道大学的矢野团队以脑血管疾病患者为对象做了一项实验。研究人员让患者们将手放入38℃的温水中浸泡10~15分钟，**当手感到温暖后，患者们的痛感会降低，舒适感会增强，语言表达变得积极向上，对康复也有了信心。**

●手浴是有效的医疗手段

人体的“温度感受器”主要集中在手指、手掌和前臂上。

此外，手部的血管中还存在大量的**交感神经**。

寒冷的时候将双手放在火炉或篝火旁，身心就会马上暖和起来。这是因为温热手部可以刺激交感神经发挥作用，从而产生“手一暖和，全身就暖和了”的效果。

手浴的医疗效果甚至不亚于泡温泉。

实际上，手浴本就是一种医疗手段，主要是为了让无法入浴的患者获得和入浴一样的疗愈功效与感觉。

有压力时自不必说，哪怕是稍微有些疲劳或焦躁，也可以尝试手浴，让自己放松一下。

缓解压力的手浴疗法

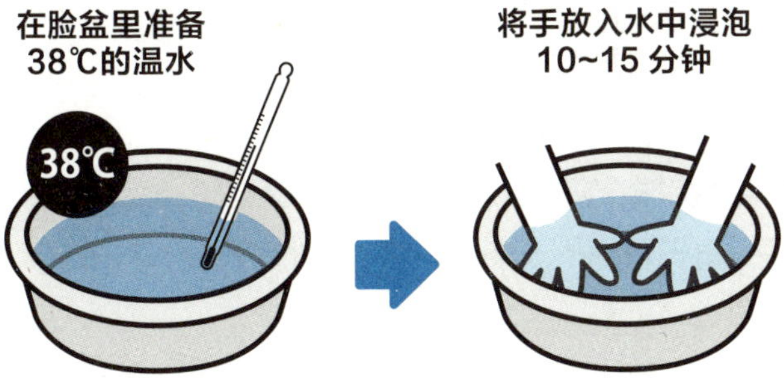

有压力时，可以试试减压效果不亚于泡温泉的手浴。

50

刷牙

效果：缓解脑疲劳，提升注意力，振奋精神

——千叶大学左达团队的研究

●刷牙能增强脑部活力，振奋精神

除了前面几节提到的闻咖啡豆、手浴，刷牙也可以轻松减压。

千叶大学的左达团队与花王健康护理部门的一项研究显示，**在大脑感到疲劳时，刷牙可以激发大脑的活力。**

研究人员以健康的成年人为实验对象，让他们做 20 分钟简单的加法和乘法，录入计算结果。

接着，研究人员让其中一组实验对象刷牙 1 分钟，另一组不刷牙，然后监测他们的大脑和心理状态。

结果显示，**和“不刷牙组”相比，“刷牙组”的脑疲劳得到了缓解，注意力得到了有效提高，精神也重新振奋起来。**

这项实验表明，在工作或学习疲劳时，刷牙可以激发大脑的活力。

此外，**牙膏选薄荷味效果最佳。**

●尽管刷牙能振奋精神，也不能过度刷牙

需要注意的是，刷牙不能过度。如果每小时都刷一次，会损害牙釉质，对牙齿造成伤害。

刷牙可以生津，这一点非常关键。分泌出的唾液有自净作用，可以防止细菌繁殖，强化牙质。适度刷牙可以增强这一效果，十分有益牙齿健康。

●不刷牙的人患糖尿病的风险会增加 1.9 倍

刷牙不仅关乎牙齿本身的状态，还与身体健康密切相关。

伦敦大学学院的德·奥利韦拉团队对约 12000 位 35 岁以上的实验对象进行了约 8 年的追踪研究，了解他们每天刷牙的次数。结果显示，**刷牙次数不同，患心血管疾病的风险也会有差异。**

具体而言，每天刷牙一次或一次也不刷的人患心血管疾病的风险要比每天刷牙两次的人高 1.3~1.7 倍。此外，**不刷牙的人患糖尿病的风险会增加 1.9 倍。**

刷牙与许多因不良生活习惯导致的疾病有关。过度刷牙不可取，不刷牙更不可取。当你的大脑感到疲劳时，可以试试刷牙。

用脑前可以先刷牙清醒一下

当你感到疲劳但又无法中断工作时，
可以通过刷牙清醒一下。

51 爬楼梯

效果：驱赶困意，提高动力

——佐治亚大学伦道夫和奥康纳的研究

●喝咖啡和爬楼梯，哪种方法更有助于醒脑？

一项有趣的报告指出，当困意来袭、身体感到疲惫时，爬楼梯是个不错的选择。

美国佐治亚大学伦道夫和奥康纳的研究表明，疲倦时相比喝咖啡，在附近爬楼梯 10 分钟，可以有效驱赶困意、提高动力。

参与实验的是 18 名女大学生，她们平时喜欢喝咖啡，每晚的平均睡眠时间在 6.5 小时左右。实验设置了一个普通的商务办公环境，人在工作期间几乎不需要站起来运动。

研究人员让这些女大学生一整天都坐在电脑前，进行需要调动语言和认知能力的工作，然后让她们在工作间隙分组做以下三件事：

第一组 喝咖啡

第二组 服安慰剂

第三组 爬楼梯（30 层楼梯，爬 10 分钟）

最后，分析她们工作记忆能力、行动力、注意力的变化。结果显示，**第三组** 的动力得到了提高，变得更有精神。

●喝咖啡无法提高动力

另一方面，喝咖啡的 **第一组** 和服安慰剂的 **第二组** 动力没有发生明显变化。

一般来说，一杯咖啡中含有50毫克咖啡因，然而**与摄入咖啡因相比，运动的提神效果更好。通过喝咖啡来获取动力的效果与服安慰剂无异。**

在工作记忆能力与注意力方面，三组实验对象的变化基本相同，只在动力方面差异明显。

爬楼梯这样简单的运动可以提高动力，还能弥补运动量不足的问题，真可谓一举两得。

如果没法一直往上爬楼梯，那么像上下台阶一样一上一下地运动也能发挥同样的作用。这项运动在家或办公室里就可以进行，称得上是一种提高动力的简易方法。

爬楼梯可以提高动力

工作时犯困，可以通过爬楼梯来提高动力。

52

相互提醒

效果：提高注意力

——普林斯顿大学德贝当古团队的研究

●相互提醒可以改善大脑状态

越忙碌越想保持良好的状态，但是不休息地持续工作，很容易招致错误和失败，让人更加焦虑。

虽然很忙，但是注意力下降，无法推进工作，该怎么办呢？**相互提醒**是一种增强注意力的有效方式。

普林斯顿大学的德贝当古团队让实验对象识别人脸或场景的图像，并判断当前图像是否与任务有关（例如，任务是识别场景图像时，出现的人脸图像与任务无关），然后观察实验对象的脑部活动和功能性磁共振成像。

当实验对象注意力下降时，研究人员会不断给出与任务无关的图像；当实验对象注意力不变时，研究人员会不断给出与任务有关的图像。

结果显示，当实验对象注意力下降时，一旦收到研究人员通过图像给出的“暗示”，注意力就会恢复如初。

注意力涣散时，如果有人提醒你“注意力变差了”，你的注意力就会再次集中，脑部运转的状态也会变好。

●和同伴相互提醒可以避免注意力下降

注意力下降时，如果有人提醒一声，大脑就会接收到“这样下去不行”的信息并调整状态。因此，和别人一起工作时，有效的相互提醒可以避免注意力下降。

同伴之间的提醒也能起到相互督促的作用。

●得知“还剩几分钟”，可以有效推进工作

理化研究所水野团队的研究表明，**工作效率低下时，如果得知“还剩几分钟”，大脑奖励机制就会被激活，从而不再感到疲劳。**

研究人员让实验对象判断 45 分钟前和 45 分钟后接收的数字是否一致，也通过功能性磁共振成像技术监测了他们大脑的活力。

结果显示，在实验对象最疲劳时，提醒他们“剩余时间还有多久”，大脑就会开启奖励机制，疲劳也会随之减轻。

在持续工作而不休息的状态下，不妨相互提醒。此外，相互告知“还剩几分钟”也是一种提高注意力的有效方法。

相互提醒能提高效率

注意力下降时，可以相互提醒，或者相互告知“还剩几分钟”。

第四章
工作中·下午
53

及时停手

效果：提升记忆力和创造力

——苏联卫生部精神医学研究所蔡格尼克的研究

●相比已完成的事情，人更容易记住未完成的事情

苏联心理学家蔡格尼克认为，人一般更容易记住未完成的事情。这也被称为**蔡格尼克效应**。

蔡格尼克将实验对象分为以下两组，让他们进行猜谜、计算、垒箱子、做泥人等多项活动。

第一组 实验对象完成一项活动后再进行下一项活动

第二组 实验对象被要求中断活动，直接进入下一项活动

待各项活动完成后，研究人员会询问实验对象："刚才你们都做了哪些活动？"

结果显示，**第二组**记住的活动内容是**第一组**的两倍。

蔡格尼克效应

对中断的内容印象深刻

●为什么“没做”比“做”更容易让人后悔？

蔡格尼克效应也同样适用于解释人生中的懊悔。

后悔也无济于事。经常有人说“要是当时那样做就好了”，在下一次决策时，因为这种懊悔情绪而犹豫不决、产生压力。这也体现了蔡格尼克效应，即我们更倾向于记住没有完成的事，而不是已经完成的事。

康奈尔大学吉洛维奇的一项研究表明，**因做过某事而感到的后悔是短期的，因没做某事而感到的后悔是长期的，且更加强烈。**

该研究通过面谈、电话访问、问卷调查等方式，对不同性别、年龄的实验对象进行采访，所得数据显示，人们显然会更在意没有做的事。

换言之，因“没做”而产生的后悔远甚于因“做了”而产生的后悔。

蔡格尼克效应既可以应用在工作中，帮助我们提升记忆力，也可以提醒我们不要因瞻前顾后而后悔。

●及时停手，才能产生好点子

据说，作家村上春树给自己规定的写作时间是每天 5 小时。一旦时间到了，即便还有东西要写，他也会停下笔来，留到第二天完成。

到了第二天，他是否下笔如有神呢？其实，**这样做能让他在停笔之后继续保持旺盛的创造力，从而让他的思维更敏锐。**

这可真是对蔡格尼克效应的巧妙运用。

工作中要及时停手，保持思维的敏锐度。

专栏四

科学是绝对正确的吗？什么是科学素养？

科学展示给我们的都是“真实”的，也“绝对正确”——我想，持这种观点的人不在少数，但这并不一定是实情。

科学总归是由人在探索。随着时代的进步，科学一方面会不断发展，另一方面也会受到政治和流行观点的巨大影响。正如“地心说”曾被视为绝对真理，被证明正确的科学理论也会被新的研究推翻，这样的事情屡见不鲜。

科学之所以是科学，就是因为它在必要的时候可以被“反证”。比如，针对“A”这一论点，有人主张“B”，双方拿出证据相互论战，从而使结论更接近真相。若得不到结论，便会被称为“恶魔的证明”。

因此，如果某一项实验得出了与之前相反的结论，我们不能武断地说“之前的结论是错的”。哪个实验结果是正确的，哪个实验结果是错误的，这并不绝对。

此外，科学还需要考虑不同情况下的相应“规则”。公认的真理也可能存在误区，甚至各种各样的偏见。要知道，绝对的真理并不存在，充其量只是可能性更高而已。

据说，我们能够用科学解释的现实最多只占 1%。以癌症研究为例，虽然已经取得了很大突破，但依然存在大量未知的东西。

在我看来，我们的头脑中应该有这样的判断：我相信科学，但也能理解例外。

第五章

【人际关系】抵御他人攻击的科学方法

54~74

第五章
人际关系
54

发火前，忍耐 10 秒钟

效果：控制愤怒和焦躁

——美国西北大学芬克尔团队的研究

●控制怒火的前额叶需要花 4~6 秒才能发挥作用

我们快要发火时，身体会分泌肾上腺素和去甲肾上腺素等神经递质。我们发火时会面红耳赤、血压升高，心脏跳动的频率也会随之加快，这都是神经递质在起作用。

大脑中控制怒火的部分是前额叶，而它发挥作用需要花 4~6 秒。换言之，**发火时只要忍耐 4~6 秒，前额叶就能发挥作用，从而使我们更加冷静地处理问题，避免在愤怒之下做出危险行为。**

●等待 10 秒，暴力的言语会减少一半

美国西北大学的芬克尔团队选取了 936 名 15~17 岁、有社交经验的实验对象，对他们展开了一项调查。

研究人员调查了他们在过去的一年中是否对家人施加过暴力，同时调查施暴者有哪些特征。结果显示，施暴者的共同特点就是自控力差。

具体来说，自控力差的人施暴的概率是自控力强的人的 10 倍。

芬克尔团队还选取了 71 名 18~21 岁的实验对象，让他们听一些令人生气的事情（如交往对象有外遇），然后自由发表看法。实验对象分为以下两组：

第一组 听完后直接发表自己的看法

第二组 听完后等待 10 秒钟，再发表看法

结果显示，**第二组** **表述看法时使用的暴力言语要比** **第一组** **少一半以上。**

这就是充分利用前额叶控制怒火的经典案例，当然也可以说是利用了大脑的自控机能。

当你因为压力太大而感到愤怒时，请先忍耐 10 秒钟，这样做就能抑制怒火。

利用前额叶抑制无谓的愤怒

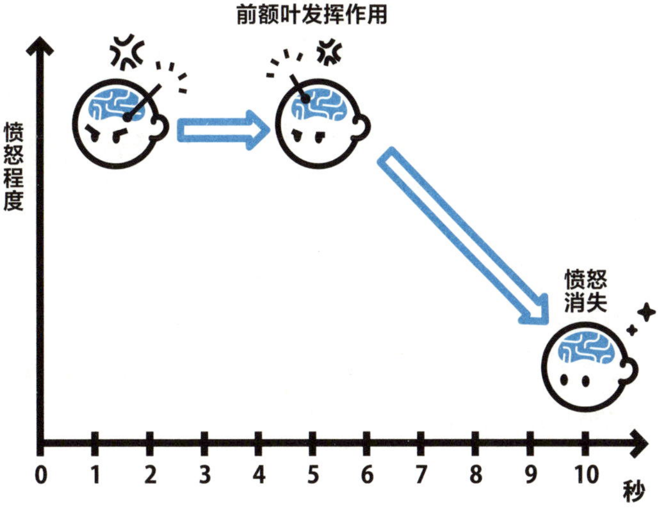

当你想发火时，先忍耐 10 秒钟。

55

愤怒的瞬间，左手握拳

效果：控制愤怒

——得克萨斯农工大学彼得森团队的研究

●握拳就能控制愤怒吗？

在动漫中，我们常常能看到怒火将燃的人紧握拳头的画面。握拳是否真能控制愤怒的情绪呢？

实际上，已经有人通过实验证明了哪只手握拳能控制怒火。

得克萨斯农工大学的彼得森团队做了一项颇为有趣的研究，目的就是探索哪只手握拳可以缓解我们对他人的攻击性。

●左手握拳就能控制愤怒

彼得森团队选取了24名惯用右手的实验对象，让他们用任意一只手用力握拳45秒，休息15秒后再握拳，重复4次，然后让他们阅读别人对他们论文的批评意见，产生愤怒情绪。

接着进行的是一项反应测试，最先完成任务的人可以制造声音来吓别人，最后完成的人则会被声音吓到。

结果显示，**“右手握拳”的实验对象与“左手握拳”的实验对象相比，左前脑更加活跃，攻击性也更明显。**

●左手握拳可以使右脑更活跃

实际上，**人在感到愤怒时，大脑的左前部要比右前部更加活跃。**左前部与愤怒情绪有关，右前部则与对愤怒的恐惧有关。**左手握拳能使大脑的右前部更活跃，从而控制愤怒。**

如果你快要发火了，马上用左手握拳，进行**愤怒管理**。左手称得上是怒火的调节器。

左手握拳可以进行愤怒管理

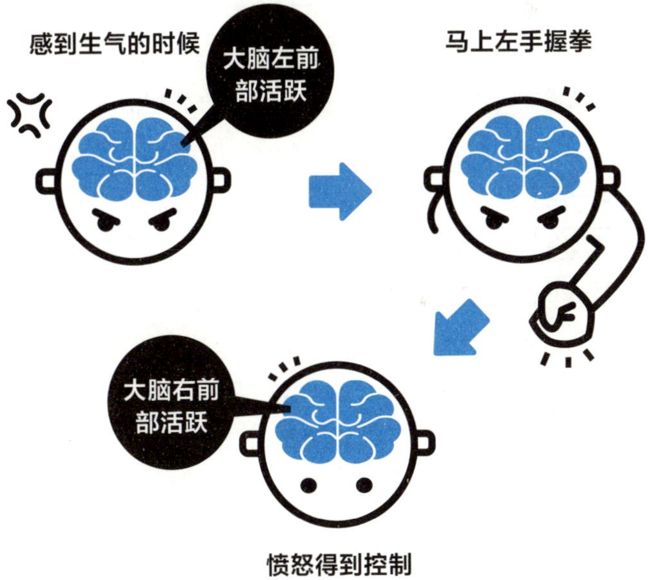

当你感到愤怒时，左手用力握拳。

第五章

人际关系

56

重新建构

效果：抑制恐惧和愤怒

——斯坦福大学布勒歇特团队的研究

●重新建构可以改变心情

面对正在气头上的人时，我们会耗费许多心力，也会因此产生一定的压力。如何与生气的人打交道是一个值得讨论的话题。

斯坦福大学的布勒歇特团队做了一项实验，旨在研究面对生气的人时，我们如何将受伤的情绪降到最低。

布勒歇特将实验对象分为以下三组，比较他们的大脑活动：

第一组 看到普通的表情

第二组 看到生气的表情

第三组 看到生气的表情，进行重新建构

所谓“重新建构”（reframing），是指创造一种看待某个情况、某个人或某种人际关系的方式。比如重新解读面前之人生气的原因：“他来这里之前，是不是有鸟粪落在了他的头上？”

统计结果发现，**第二组** 的情绪比其他两组更加消极，而 **第三组** 和 **第一组** 情绪差别不大。

●重新建构可以调动大脑其他部位的活动

对大脑的研究显示，当我们出现消极情感的时候，后脑活跃；当我们重新建构的时候，前脑活跃，后脑变得迟钝。

逻辑思考需要调动前额叶。**重新建构时，大脑的能量会聚集到前部，**

因此，负责情绪反应的后脑就会变得迟钝。

遇到正在生气或者心情不快的人时，**你可以为他的怒火找一个与自己无关的理由，从而抑制受伤的情绪**，比如“他今天早上可能被家人虐待了”——搞笑的理由也会让你的心情变好。

自己生气时也一样。如果对面走来的人撞到了你，你可以想象这个人视力不好，从而原谅对方。同样一件事，做出不同的解释时，你的心情也会完全不同。因此，积极地看待问题，就能有效减少压力。

重新建构可以减少压力

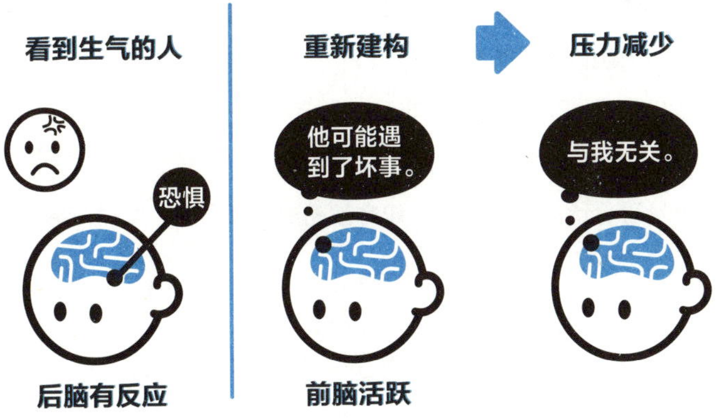

看到生气的人，想象对方生气的原因，设想他遇到了什么问题。

57

不要自称社恐

效果：获得好感

——纽约州立大学阿伦的研究

●自称社恐会降低对方的好感

日本人普遍社恐，在交往过程中，总会预先告知对方自己害怕社交。

我们通常认为，这样一来，双方就无须在交往过程中花费心力，是件好事，但是研究结果证明，这样做会降低对方对我们的好感和亲切度。

纽约州立大学的阿伦团队做了一项研究，对苦于处理人际关系的人很有参考价值。

研究人员让一群初次见面的人两两交谈，在 15 分钟内闲聊三个话题。实验对象分为两组，第一组敞开心扉，彼此畅谈可以建立良好友情的话题，第二组则无须敞开心扉。

交流结束后，研究人员对实验对象做了一项有关亲密度的心理测试。结果显示，第一组实验对象彼此之间的亲密度要比第二组高 20%。

自称社恐会给人距离感，使双方都无法敞开心扉。这样一来，就难以建立亲密关系。

●自我设限只会产生消极的结果

谦逊是日本文化中的美德。虽然自称社恐也是一种自谦自嘲的表现，但这和宣称“我没怎么学习”“我忙得焦头烂额”一样，都属于预先设防，为自己的失败找借口。这种做法被称为**自我设限**（self-handicapping）。

自我设限是一种维护自尊的行为，同时也是**为自己寻找借口，从而不去正视自己，也不去改变自己。**

此外，自称社恐在某种程度上也传递了“你来主导”的信号。

由于缺乏自信而在初次见面时自嘲，容易显得夸张、刻意，从而招致反感，产生不必要的麻烦。

要想消除人际交往中的压力，我们不能一味地谦虚和自嘲。

如果不敞开心扉，就不会交到朋友

因缺乏自信而自嘲属于自我设限。

58 不要强颜欢笑

效果：缓解悲伤

——香港科技大学慕克帕蒂亚团队的研究

●几乎不笑的人，死亡率是常笑之人的两倍

日本山形大学医学部研究了“笑的频率与死亡及疾病的关系”，发现经常开怀大笑的人不仅压力小，还不易出现健康问题。

该研究从 2015 年开始持续了 7 年，主要以山形市等 7 个市区 40 岁以上的居民为调查对象，收集了大约两万份体检报告。

报告中，称自己几乎每天都会大笑的人占 36%，几乎不怎么笑的人只占 3%。调查结果表明，**几乎不笑的人，死亡率是常笑之人的两倍，而且脑卒中和心血管疾病的发生率更高。**

韦恩州立大学的研究数据进一步证明，经常大笑可以使人增加大约 7 年的寿命。

常笑之人与几乎不笑之人的死亡率

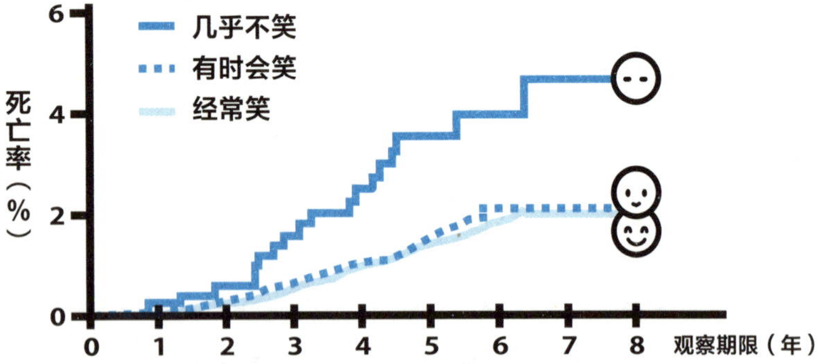

数据来源：山形县统计研究报告《笑的频率与脑卒中及心血管疾病发生率的关系》

悲伤时强颜欢笑会适得其反

然而悲伤的时候，强颜欢笑可能会适得其反。香港科技大学慕克帕蒂亚团队的研究显示，**如果违背自己的内心强颜欢笑，心情反而会更加糟糕。**

慕克帕蒂亚团队做了一项调查，目的是弄清我们一天当中应该以怎样的频率笑、出于什么理由笑。结果表明，**笑带来的结果并非都是积极的，这取决于笑的理由。**

这项调查采取了多种实验手段，比如让实验对象观看有趣的画面，令他们自然发笑，或者让他们回忆因感到幸福而笑的瞬间，或者在实验当天让他们多次发笑，然后询问他们是否属于爱笑的人。

笑的理由会影响情绪

在慕克帕蒂亚的研究中，那些被告知“笑脸是幸福的证明”的实验对象，在微笑之后获得了积极效果，而那些被告知“强颜欢笑就能幸福”的实验对象，微笑之后的幸福感下降了。

实际上，**让悲伤的人强颜欢笑，相当于强化他们脑中“我正在假装欢笑”“我现在并不幸福”的意识，**因此会适得其反。

常带微笑，但悲伤的时候不要强颜欢笑。

不要勉强追求积极心态

效果：缓解消极和失落

——密歇根州立大学莫泽团队的研究

●勉强追求积极心态会让大脑过于激动

对于那些消极或情绪低落的人，我们总想用“加油”“你没问题”等积极话语来鼓励他们。

但是，密歇根州立大学莫泽团队的研究显示，这么做反而会引发消极的连锁反应。

该研究选取了 71 名女性作为实验对象，先让她们坦言自己当前的心态是否积极，接着让她们看“蒙面男子拿刀抵着女子颈部”的恐怖影像，要求她们对此做出尽可能乐观的解释。

最后，研究人员会扫描实验对象的大脑，观察她们的脑血流图。

结果显示，实验前自称心态积极的实验对象，脑血流情况基本没有变化，而实验前自称心态消极的实验对象，脑血流波动较明显。

这是因为心态消极的人强迫自己做出乐观解释时，脑部转动的次数更多。

强迫自己在消极状态中假装积极，会导致大脑混乱，使大脑过于激动。

●不要对消极的人使用积极的话语

本想努力修正某一信息，结果却强化了该信息，这种情况叫作逆火效应（backfire effect）。

当你告诉那些心态积极的人“你要更加积极”时，他们会努力做得更好。

然而，如果一个人原本就因为消极情绪产生了心理冲突，那么外界的鼓励可能会使他陷入更加低落的情绪。

关于心理冲突会引发抑郁的问题，本书第 22 页已有论述。

如果一个情绪低落的人找你抱怨或倾诉，为了不引发逆火效应，你只需肯定地告诉对方“大家都会有这样的时候，这是正常的”。

请大家记住，**对于陷入消极状态的人来说，那些试图为他们加油打气的积极表述可能会使他们陷入自我矛盾。**

消极的人也不要强迫自己变得积极，可以适当尝试本书所提供的解压法。

为什么不能对消极的人说积极的话语？

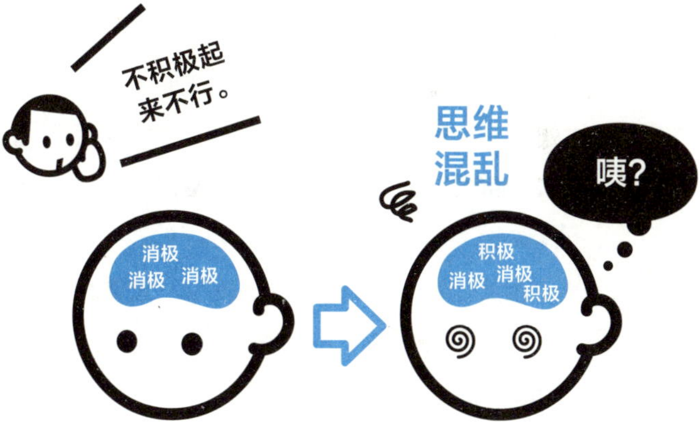

消极的人不要强迫自己积极起来。
对消极的人不要说积极的话语。

第五章

人际关系

60

不要在意看不起别人的人

效果：缓解焦虑

——康奈尔大学克鲁格和邓宁的研究

●能力低下的人不会承认自己能力低下

有一些人总喜欢居高临下地评价别人，和他们打交道会让人备感压力。

康奈尔大学克鲁格和邓宁的研究显示，**能力越低的人，自我评价越高**。换言之，**能力低下的人意识不到自己能力低下。**

●能力越低，自我评价越高

克鲁格和邓宁通过实验测试了65名大学生的幽默感、语法和逻辑。

以幽默感为例。研究人员让实验对象阅读30个幽默故事，并评价故事的趣味性，对他们的幽默感进行打分，然后询问他们“你对幽默的理解在同龄人中处于什么样的水平”，从而了解他们的自我评价。

结果显示，**幽默感越差的人，越认为自己的幽默感好。**

有趣的是，分数最低的那25%的人觉得自己的成绩应该能排进前40%，自视过高。相反，分数最高的那25%的人，却觉得自己的排名应该在前30%左右，自视偏低。

也就是说，**成绩越差的人，表现得越傲慢。**

此外，研究人员还做了一项问卷调查，询问实验对象“你的驾驶技术是否高于平均水平”，70%的人回答“我的驾驶技术高于平均水平”，而这些人实际的驾驶技术并不太好。

●为什么能力低下的人总觉得自己了不起？

那些能力低下的人，为什么会看不起别人或自视甚高呢？

这是因为他们缺乏**元认知**（metacognition）能力，也就是无法客观地认识自己。因此，没有必要被这些人的话语和评价影响情绪。

保持谦虚，提升自我修养和能力，才是正确之举。

看不起别人的原因

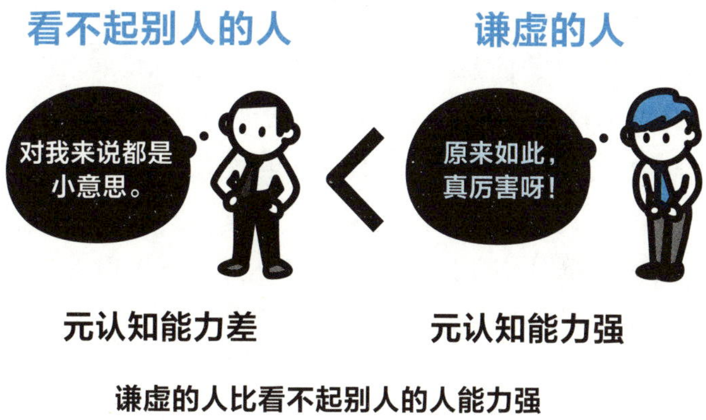

看不起别人的人、傲慢的人、觉得自己了不起的人，往往都是无法客观审视自己的人。

61

绝对不要以牙还牙

效果：控制愤怒，缓解焦虑

——康奈尔大学里甘的研究

●别人如何对待你，你就会如何对待别人

有个短语叫作“加倍奉还”——如果在工作或生活中遇到了讨厌的事，就要不假思索地给予反击。

这种心态可以用心理学中的**互惠效应**（reciprocity）来解释：**面对他人的好意、敌意、让步、自我展示等不同态度，我们也会以同样的态度对待对方。**

康奈尔大学的里甘就互惠效应进行了一项实验。他以美术鉴赏的名义招募实验对象，让他们分别与一名假扮成实验对象的合作者组队，对相关作品进行评价。实验对象分为以下两组：

第一组 休息期间，合作者为实验对象买了一瓶 10 美分的可乐

第二组 休息期间，合作者什么也不做

鉴赏结束后，合作者问实验对象：“我有购买新车的优惠券，一张 25 美分，你要不要买几张？”结果，**第一组购买优惠券的人是第二组的两倍。**

●敌意或恶意也会反弹

上述实验展现了互惠效应的积极影响：**对方给了我好处，我便愿意接受对方更多的请求。**

温柔的态度和鼓励的话语都是出于善意，当你待人热情、说话温柔时，别人也会以同样的态度对待你。

然而，互惠效应也有消极的一面。

敌意或恶意也会反弹。**当你对别人抱有敌意或恶意时，别人也会回以相同的态度。**

在这种情况下，**如果我们“以牙还牙”，压力就会不断增加。**

“以牙还牙”可不像电视剧里演的那样过瘾，千万不要尝试。

日常生活中的互惠效应

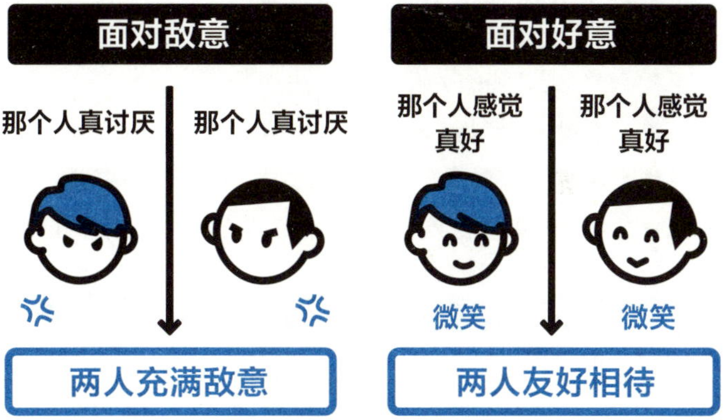

互惠效应

清楚地了解互惠效应，己所不欲，勿施于人。

第五章

人际关系

62

找到理解自己的人

效果：减少同侪压力

——斯沃斯莫尔学院阿希的研究

●要想避免同侪压力，只需找到一个理解自己的人

即使抱有很强的信念，我们的信心还是有可能会被周围的人击碎。这种状况让人备感压力。

斯沃斯莫尔学院的阿希做了一项十分著名的实验，被称为“阿希从众实验”，它研究了那些迎合多数派意见及周围人反应的人的心理状态。

实验中，研究人员让实验对象观察两张卡片，一张卡片上画着一条线，另一张上画着三条不同长度的线，接着让他们从第二张卡片上的线条中，选出与第一张卡片上长度相同的线条。其他实验条件如下：

- 7 人为一个团队，共进行 12 次回答
- 7 人中有 6 人为事先安排好的合作者，真正的实验对象只有 7 号
- 6 名合作者在 12 次回答中，有 7 次全部给出同样的错误答案

阿希从众实验

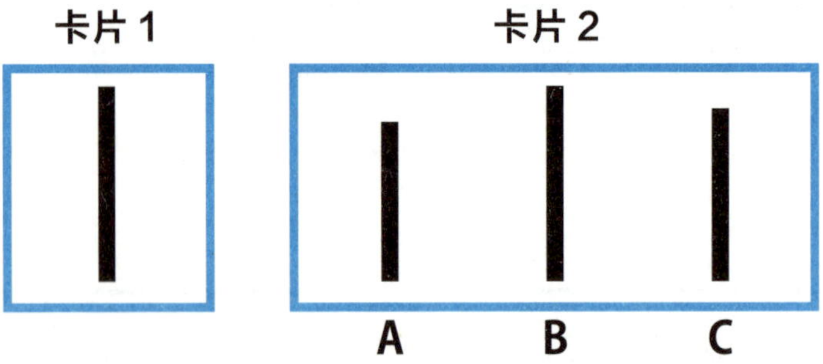

卡片 2 之中的哪条线与卡片 1 中的线等长？

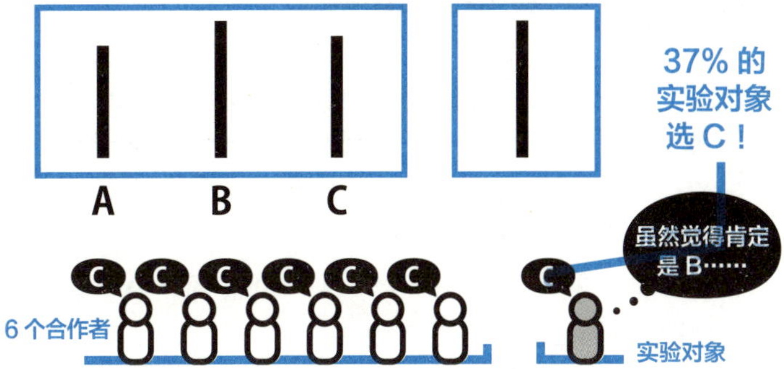

结果显示，37% 的实验对象都至少答错一次，特别是在 6 名合作者全部答错时。但是，只要有 1 名合作者给出正解，实验对象给出正解的概率就会高出许多。

由此看来，**即便知道正确答案，出于从众心理的影响，实验对象也会遵从多数派的意见。但是，只要有人支持实验对象，哪怕他仍然属于少数派，也会更容易理直气壮地表达自己的观点。**

一个人做出和别人不同的行为时容易感到不安，和别人保持同一节奏时则会获得安全感。阿希从众实验将人的不安心理展现得淋漓尽致，也侧面说明了为什么“特立独行的人”很难生存。

不过话说回来，只要有一个理解自己的人，做起事来就会自信很多。在阿希从众实验的 12 次回答中，**只要有 1 名合作者给出的答案与实验对象相同，实验对象被误导的概率就会下降至 5.5%，更接近正解。**

因此，我们要敢于摒弃那些不能理解自己的多数派的意见，找到理解自己的人。

无论面对怎样的意见，只要有一个理解你的人，你就更容易坚持自己的想法。

第五章

人际关系

63

不要在意批评

效果：缓解失落

——美国退伍军人心理诊疗所福勒的研究

●为什么总觉得占卜师的话很准？

听到有人说“你这个人不行”，你就会觉得“我果然是个一无是处的人”，并为此感到失落。

但是仔细一想，任何人都有“不行”的时候，别人说“你这个人不行”时，说得也不一定对。

如果占卜师说：“你很认真，但也有马虎的时候。总体上你前途光明，具有不输于任何人的优势。”大部分人都会觉得“确实如此”。

●让人感觉灵验的巴纳姆效应

对于模糊的表达，我们往往会觉得它们形容的就是自己。这是一种被称为**巴纳姆效应**的心理学现象。

心理学家伯特伦·福勒在 20 世纪中叶做了一项实验，让世人知道了巴纳姆效应。

福勒让学生们参与心理测试，分别给他们看测试的诊断结果。实际上，他给每个学生看的内容都一样。

诊断结果包括“你的性格有缺点，但通常能很好地处理问题”“你还没有发挥出最佳水平，还有潜力”等语句，可以被用来形容任何人。

最后，**福勒让学生评价“诊断结果在多大程度上符合自己”，5 分为完全符合，结果平均分高达 4.26。**

有意思的是，所有学生都认为诊断结果很准确，而且内容越顺他们的心意，他们就觉得越准确。

●巴纳姆效应告诉我们不应屈服于否定的话语

模糊的表达容易让人觉得有道理。因此，当别人批评你“不行”“太天真”时，可以对这些适用于任何人的意见置之不理。而如果有人表扬你，你可以坦然接受。

人生来就会做出对自己有利的选择，面对笼统的批评话语时，果断地告诉自己“任何人都是如此”，然后继续前行。

占卜师都在利用的巴纳姆效应

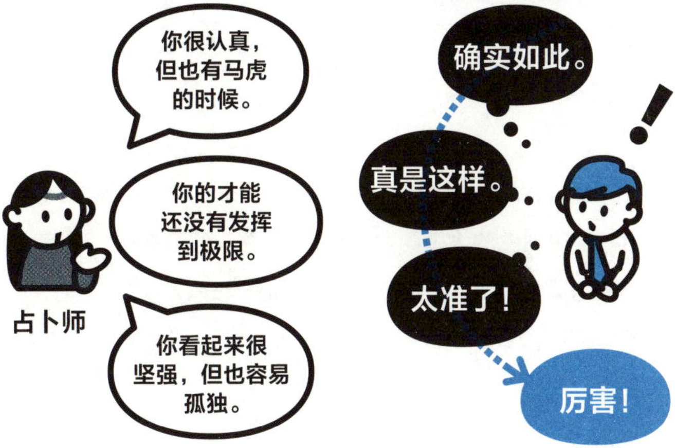

当你因遭受批评而失落时，好好分析批评的内容，想一想这是不是巴纳姆效应。

第五章

人际关系

64

使用积极的话语

效果：减少痛苦，提高耐力和干劲，获得好感

——南丹麦大学韦格特团队的研究

●积极的话语能够化解痛苦、提升耐力

当我们疲劳不堪或充满压力时，容易说出消极的话语。南丹麦大学韦格特团队的研究表明，**使用积极的话语，可以化解痛苦、提升耐力。**

韦格特团队让 83 名实验对象分别阅读以下三篇说明文：

1 由积极话语组成的说明文

2 由消极话语组成的说明文

3 中性的说明文

实验对象读完每篇文章后，都需要做下蹲运动。结果显示，**阅读文章 1 后，实验对象的大腿耐力提高了 22%，阅读文章 2 后，实验对象的大腿耐力降低了 4%，甚至还引发了痛觉过敏。**

实验说明，消极的话语会让情绪变得消极，从而更容易产生痛感。

●人容易陷入消极偏见

人本身就带有**消极偏见**的倾向。

也就是说，**相比积极的信息，我们更容易关注消极的信息。**

此外，越是消极的信息，我们就越容易记住。

关于这一点，斯沃斯莫尔学院阿希的实验便能说明问题。

阿希让实验对象在对某个人物进行评价之前，先看下列两组词汇：

第一组 智慧、灵巧、勤奋、温暖、有决断力、实践能力强、注意力集中

第二组 智慧、灵巧、勤奋、冰冷、有决断力、实践能力强、注意力集中

两组词汇中，只有“温暖”和“冰冷”不一样。

结果，看了包含“温暖”在内的**第一组**词汇的 90 名实验对象，会对人物给出体贴、懂社交、有趣等相对较高的评价；而看了包含“冰冷”在内的**第二组**词汇的 76 名实验对象，均对人物给出了较低的评价。

消极的只言片语就能改变我们对他人的印象。

●消极的话语会降低别人对你的评价

消极的话语会引起别人的注意。因此，哪怕你只是说出了一个消极的词汇，别人对你的评价也有可能降低。

另一方面，积极的话语蕴含催人奋进、提升干劲的力量。所以，不管是对别人还是对自己，都要努力多使用积极的话语。

平时多练习将消极的话语置换成积极的话语。

第五章
人际关系
65

不要在意缺少共情力的领导

效果：控制愤怒，缓解抑郁

——蒂尔堡大学拉默斯团队的研究

●人获得权力后，就容易缺少共情力

身处高位的人，往往不愿倾听我们的意见。这样令人头疼的问题，大概每个人都遇到过。

蒂尔堡大学的拉默斯团队通过研究权力与共情力的关系，得出了**“人获得权力后，就容易缺少共情力”**的结论，不知该令人感到悲哀还是有趣。

该研究将 61 名大学生分为以下两组：

第一组 想象自己掌握权力的感觉，再参与实验

第二组 想象自己没有权力的痛感，再参与实验

研究人员让每一组的一半实验对象掷骰子，并报出自己的点数，不同的点数对应不同的报酬。这种情况下要想说谎会非常容易。

另一半实验对象无须掷骰子，只需回答一个问题：“有人希望提高交通补助，这合理吗？”

●当权者会说谎，却不允许别人说谎

结果显示，通过掷骰子报点数来获取报酬的那一半人中，**第一组**拥有权力感的实验对象比**第二组**没有权力感的实验对象谎报点数的概率更高。

而在回答能否提高交通补助的那一半实验对象中，**第一组**的决定比**第二组**更不近人情。

这说明，**人有了权力之后，共情力就容易降低，对自己的行为更宽容，对别人的行为却更苛刻。**

参与实验的大学生只是“想象了一下掌握权力的感觉”，平日里真正拥有权力的人，肯定更容易受此影响。

政治家或者公司的上层领导不愿倾听，是因为他们的共情力受权力影响而降低了。

因此，我们无须因为某些领导“不听自己的话”而产生压力，把精力花在别的地方才是明智的选择。

缺少共情力的领导如何思考？

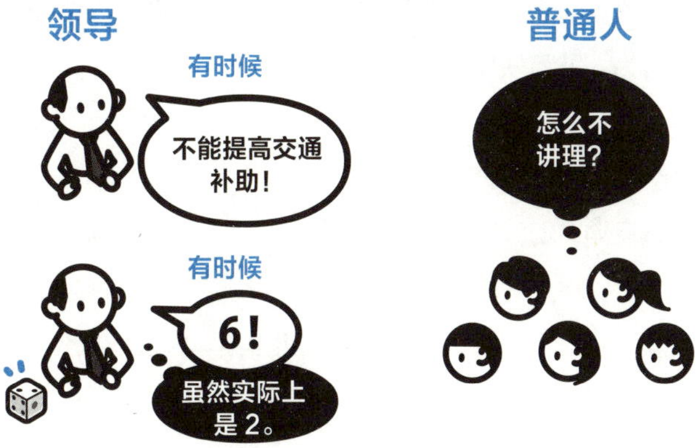

不要在意一些领导缺乏共情力的言行，把精力花在别的地方。

第五章

人际关系

66

使攻击“无效化”

效果：抵御批判和诋毁

——北海道大学尾崎团队的研究

●将消极转化为积极

世上应该不会有人在面对否定意见和情绪时毫无压力。当别人用消极的话语评价我们时，我们该如何应对呢？对此，北海道大学的尾崎团队提出了使攻击“无效化”的思考方式。

在语言学中，“无效化”是一种有关言语行为论的概念。我们的语言会构成某种行为：当我们说“你好”时，“你好”构成了问候行为；当我们说“对不起”时，“对不起”构成了道歉行为。

所谓“无效化”，就是指**听者将说话者通过语言实现的“攻击行为”替换为其他行为，从而使攻击没有效果。**

●“无效化”使对手变成朋友

日本足球运动员三浦知良的发言就是“无效化”的经典案例。

在某电视节目中，日本原职业棒球运动员张本勋曾就老将三浦知良依然活跃在足球赛场上一事评论道：“如果不给年轻选手机会，团体赛中就没有年轻人可以脱颖而出，建议他不要再踢了。”

此话一出，社会舆论纷纷表示张本勋“多管闲事”“不尊重人”，就连相关媒体也参与了争论。

三浦知良本人却回应道：“能被张本先生关注，实在荣幸。我觉得他是想告诉我‘应该更加努力’。”他将张本勋的“侮辱”转化为“激励”，从而彻底削弱了对方的攻击性。如果这时候对方还想发起攻击，那就有些不识趣了。

他的发言得到了社会各界乃至张本勋本人的赞赏，最终为自己圆满解围，堪称“无效化”的经典案例。

长期以来，在以推特为首的社交平台上，人们不断地攻击和诽谤他人。现实生活中也会有人在背地里说别人的坏话。如果把这些言论当真，认为是自己做得不够好，就会产生压力。

只有练就使攻击“无效化”的“防身术”，才能过上不受压力困扰的生活。

“无效化”的经典案例：三浦知良的发言

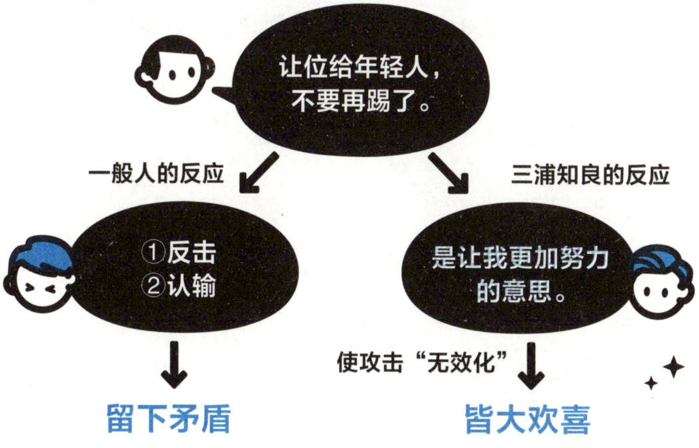

当有人批评你或说你的坏话时，可以换个思路使攻击“无效化”。

第五章

人际关系

67

八面玲珑也没关系

效果：避免心理冲突和矛盾

——立命馆大学佐藤和带广畜产大学渡边的研究

●人有八面玲珑的本能

我们在进行自我分析时，总会说“我其实是……的人”或“真正的我是……”。

有时候，我们不得不在待人接物时转变态度，时间一长，就会怀疑自己已经丧失了自我，变得八面玲珑。

立命馆大学的佐藤和带广畜产大学的渡边提出了**模式性格论**，他们认为，**人会在生活中自由地转换身份，从而转变行为和性格**。

人会根据自己与他人的关系以及具体情况来转换自己的性格，比如，我们在家中和单位面对不同的交流对象和状况时，就会调整性格。

人的性格主要有三个维度：

1 作为自我意识的性格，即第一人称性格，也就是“自己认为”的性格

2 和他人进行沟通时的性格，即第二人称性格，也就是在家人、朋友及同事面前展现的性格

3 从第三者的角度观察到的“角色性格”，即第三人称性格，也就是作为主任、销售人员等社会角色所带有的性格

三个维度中，第二人称性格具有多重模式，会根据人际关系、环境等因素自由调整。

有些人会批评别人：“你真会看人下菜碟。”但人本来就会根据不

同情况来调整自己的性格，这种做法理所当然，因此不必过于在意这样的批评。

●要想改变性格，就试着改变环境

佐藤和渡边还认为："如果你觉得自己的性格难以改变，那不是你的问题，而是环境的问题。换言之，这是环境赋予你的'角色性格'。"

如果环境和角色固定，性格也会倾向于固定。也就是说，**要想改变性格，必须先改变环境。**

如果事先认定"我其实是……的人"，就很容易限制自己的能力。

当我们遇到陌生人或置身于新环境时，就有可能会发现新的自己。

模式性格论

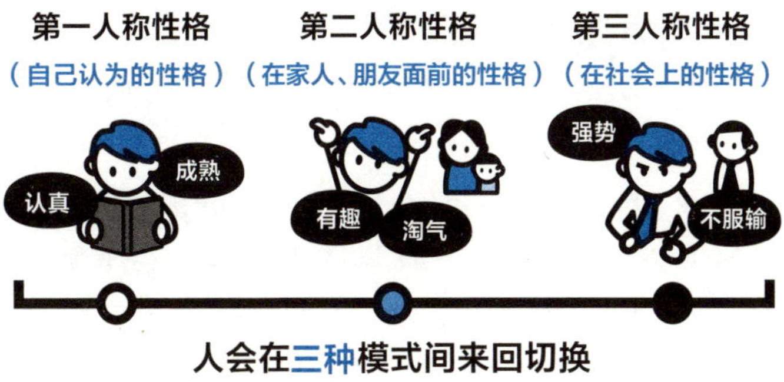

不要固化自己的性格，做个八面玲珑的人也没关系。
要想改变性格，不妨先改变环境。

68

被无视也不要在意

效果：缓解焦虑、不安、愤怒和悲伤

——纽约大学达利和哥伦比亚大学拉塔内的研究

●不是被无视，而是旁观者效应引发的焦虑

如今，数字化交流已经不再是新鲜事物。

自己发出的信息对方“已读不回”，或压根“未读”，我想任何人都曾因这样的情况而备感焦虑。

在群聊组中，如果你的发言没有得到任何回应，你可能就会觉得“别人讨厌我”，或者怀疑自己“说了不恰当的话”，为此深感不安。

其实，这可能是**旁观者效应**引发的焦虑。

旁观者效应是指“觉得即使自己不做，别人也会去做”，因此不去行动的心理学现象。

●人越多，越不愿行动

关于旁观者效应，纽约大学的达利和哥伦比亚大学的拉塔内做了一项实验。

实验的目的是观察实验对象在讨论时，如果有人突发急病，其他人会采取什么行动，在人多和人少的情况下，他们的反应又会有哪些不同。

结果显示，有人发病时，如果实验对象发现除了自己还有他人在场，责任感就会降低，对事故的反应也会变得迟疑。

实验还表明，**在场的实验对象越多，单个人就越不愿采取积极行动。**

如果没有他人在场，每个实验对象都会上前帮忙。但如果有 5 个实验对象同时在场，便有近 40% 的人不愿再帮忙。

所以，在群聊时得不到回应也是很正常的事。当然，被无视的时候谁都会感到不快。

不过，面对危急情况，我们不能抱有“谁出头谁是傻子”的想法。即便别人不做，我们也应该勇敢承担责任。

好心总会有好报，怀着这样的信念，我们的生活才有可能出现良性循环。

旁观者效应

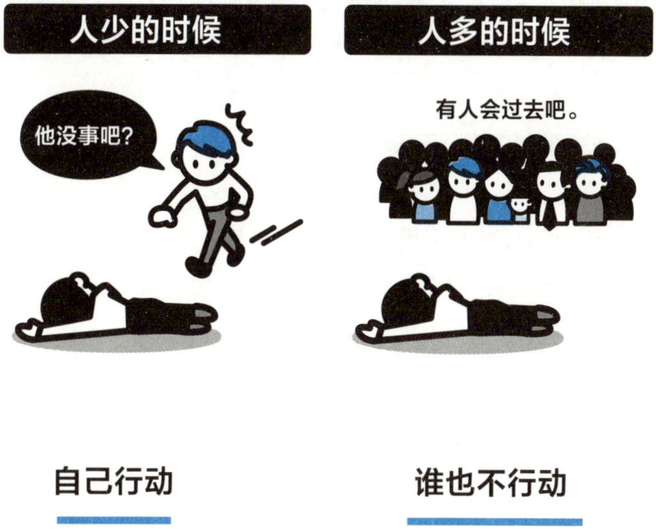

越是觉得“总有人会去做”，就越应该挺身而出。

避免看到消极的表情

效果：减少不安、恐惧和愤怒

——美国国立卫生研究院阿里里团队的研究

●看到消极的表情，压力会增加

在工作中遇到喜欢说消极话语，或者总是一脸不悦表情的人，你的心情也会受到影响。

美国国立卫生研究院的阿里里团队做了一项研究，通过实验证明，**看到消极的表情会让人压力倍增**。

研究人员让实验对象观看令人不安和恐惧的画面，然后观察他们小脑扁桃体的状况。小脑扁桃体是大脑在感知到不安、恐惧等消极情绪时活跃的部位。

实验对象需要观看以下三组画面：

第一组 人在感到恐惧、愤怒时的表情

第二组 自然界中令人害怕的动物、昆虫等物种

第三组 枪击、事故、爆炸等人为的恐怖事件

结果显示，只有观看 **第一组** 画面时，实验对象的小脑扁桃体才会发生激烈反应。

可见，看到别人消极的表情时，自己的情绪也会变得消极。

●接近消极的人，自己也会变得消极

夏威夷大学的哈特菲尔德团队通过研究证明，**和消极的人相处得越久，越容易感到消极。**

哈特菲尔德团队让实验对象**和消极的人一起生活，并模仿他们的表情、姿态以及声音和动作。**

研究人员发现，**人很容易受到他人消极言行和心理状态的影响，会在无意识间对其进行模仿。**

正如本书第 136 页所说，人具有**消极偏见**。当消极事物和积极事物并存时，人更容易将目光投向消极事物。

为了避免这种由别人引发的消极情绪，我们最好和消极的人保持一定的距离。

与消极的人走得越近，越容易产生消极情绪

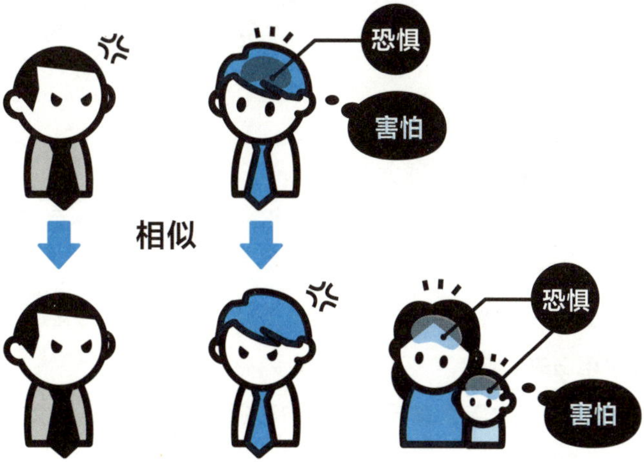

尽可能远离满脸不悦、话语消极的人。

触发镜像神经元

效果：提升共情力，建立联系

——帕尔马大学里佐拉蒂团队的研究

●能提升共情力的镜像神经元

人依靠共情来建立联系。那些不擅长与人打交道的人，往往缺少共情能力。

人们把与共情有关的神经细胞形象地称为**镜像神经元**。

镜像神经元是帕尔马大学的里佐拉蒂团队于1996年发现的神经细胞。自己没有行动，看到别人行动时，镜像神经元也会活跃起来。

举一个简单的例子，疼痛可以引发共情。看到别人疼痛时，自己好像也会感到疼痛。当你看到事故场面时，会感受到痛苦，这就是镜像神经元在起作用。

●人脑具有感同身受的能力

伦敦大学学院的辛格团队选取了16对情侣，让他们接受轻微的电击，观察他们的脑部反应。

结果显示，**当情侣中的一方接受电击时，另一方大脑的相同部位也会出现被电击的反应。**

也就是说，**大脑拥有镜子一样的功能，可以对他人的处境感同身受。**

得益于这一功能，**我们看到别人的一些行为时，就会判断这样做非常痛、那样做不安全，从而避免危险的发生。因此，这是一种十分重要的生理机能。**

●触发镜像神经元能提升共情力

我们和他人拥有许多共同的情感。

对于至亲至爱的人遭遇的事情，我们会感同身受，进而产生或喜或悲的心理。**共情在某种意义上是我们和他人建立联系的重要纽带。**

我们也可以去主动触发镜像神经元，增强与他人的联系。通过关心别人“为什么高兴”“为什么困惑”，就能触发镜像神经元。

做一些与对方相同的动作，也能起到同样的效果。他笑，你也笑；他喝东西，你也喝东西。

在和别人相处的时候，镜像神经元越活跃，你们就越能拉近内心的距离。

通过触发镜像神经元来提高共情力的方法

关心对方、和对方做同样的动作，可以触发镜像神经元。

聊天时手捧温水杯

效果：提升对他人的好感

——科罗拉多大学威廉斯和耶鲁大学巴奇的研究

●一个小动作就能产生积极心态

如果对各种事物都持消极态度，也无法温柔待人，就会陷入自我厌恶的境地。要想改变这种情况，手捧温暖的东西是个不错的方法。

这个方法很简单。科罗拉多大学的威廉斯和耶鲁大学的巴奇认为，与人交流时，**相比手捧盛放冰冷液体的杯子，手捧盛放温暖液体的杯子更容易觉得对方亲切。**

●手捧温水杯，心情也会变得温暖

威廉斯和巴奇的研究发表在世界权威学术杂志《科学》上。他们让实验对象分别手捧温咖啡杯和冷咖啡杯，对人物进行评价。

结果显示，**手捧温咖啡杯的人给出的评价更好，评语多为“温柔”“为别人着想”等正面评价。**

由于咖啡因的摄取量因人而异，所以研究人员要求实验对象不喝咖啡，自始至终都只是用手捧着杯子。

在聊天或开会时，仅仅用手捧着温水杯，就能减少消极心态，提升积极心态。

●双手温暖能让人的心情变好

威廉斯和巴奇还把 53 名实验对象分为两组，一组手持暖手袋，另一组手持冷手袋，让他们选择礼物。

结果显示，手持暖手袋的一组中有 54% 的人为家人或朋友选择了礼物，而手持冷手袋的一组有 75% 的人给自己选择了礼物。

研究认为，**双手接触温暖的东西能够刺激前额叶发挥作用，从而提高人的交流能力和思考能力。**

仅仅手持温暖的物品，就能让人更亲切地对待他人，产生关心和关怀之情，变得更加温柔。

双手接触温暖的东西聊天可以营造良好的氛围

与人交谈时，要想营造良好氛围，可以手捧温水杯。

第五章

人际关系

72

表露情感

效果：增加沟通，减少误解

——俄勒冈大学塔克曼团队的研究

●不表露真实情感，会令人生厌

谁都想给别人留下好印象，但往往难以如愿，甚至因此深感焦虑。这也许是因为你的情感表达出了问题。

谦逊的态度固然重要，但坦诚相待更可贵。

研究表明，如果过于小心而不愿表露情感，反而会招致别人的反感。

俄勒冈大学的塔克曼团队让 4 名实验对象观看搞笑的娱乐作品和催泪感人的作品，其中 2 人在观看时“表露情感”，另外 2 人“不表露情感”，研究人员通过相机录下了这 4 个人的表情。

之后，研究人员让大约 150 名学生评价这 4 个人的表情。

结果显示，无论是否告诉学生这 4 个人观看的作品类型，**他们都明显对观看时不表露情感那 2 个人更加苛刻。**

具体而言，学生们的评价是“看不出他们的社交意愿”，认为他们“看起来和自己合不来”“令人不安”等。可见，**不表露情感会给人很多负面印象。**

●用肢体动作表达情感效果更好

表露情感十分重要，不过**高兴的表情和痛苦的表情往往都不太明显，**要想将情感传达给对方，借助身体的力量就很关键。

耶路撒冷大学的阿维泽尔团队将选手们“胜利时的表情”和“失败时的表情”，“胜利时的姿态”和“失败时的姿态”随意组合，让实验对象观看。结果显示，实验对象并不关注表情，只对选手们胜利时的姿态给予了积极评价。

实验对象并非依靠面部表情，而是通过肢体动作做出了判断。

因此，在与人交流的时候，展露表情固然重要，但肢体动作传达情感的效果似乎更好。

如果动作不夸张，情感就无法准确传达

要想建立良好的人际关系，就要表露自己的情感。用肢体动作传达感情的效果更好。

第五章
人际关系
73

表扬态度而非能力

效果：提升对方的自信心和干劲

——哥伦比亚大学米勒和德韦克的研究

●日本有一半学生认为自己表现很差

研究指出，和其他国家的人相比，日本人的自信心总体偏低。

日本青年研究所对日本、美国和中国的中学生进行了一项调查，询问他们：“你觉得自己很差吗？”结果显示，**给出肯定回答的美国和中国学生不到 20%，但有 60% 以上的日本学生认为“自己很差”。**

自信心低，也更容易感到不安。

要想提升他们的自信心，我们该怎么做呢？

●表扬一个人的能力，可能会减少他的干劲

有一种方法是通过表扬来激发一个人的长处，使其建立自信。

不过，哥伦比亚大学米勒和德韦克的研究表明，并非所有的表扬都有效。他们做了一项实验，将实验对象分为以下两组：

第一组 表扬他们的能力，然后让他们做更难的测试题

第二组 表扬他们努力的态度，然后让他们做更难的测试题

结果显示，**第二组** 的成绩得到了提高，**第一组** 的成绩则反而下降了。研究指出，**表扬一个人的能力，可能会弱化他的干劲。**

●我们应该表扬他人努力的态度，而非能力

表扬他人时，关键是要肯定他们努力的态度，而非最终呈现的结果

或能力。

相比夸赞孩子“真聪明”，对他说“你每天都坚持学习一小时，真厉害”就是肯定了他努力的态度，这一点十分重要。如果只表扬结果和能力，孩子可能就不会再努力了。

这一点不仅适用于孩子。**表扬一个人努力的态度，就是对他拼搏进取的肯定。**人在得到肯定后，就更容易继续坚持。

至于日本学生为什么会自信心不足，这也是因为日本文化不推崇表扬他人。

因此，让我们多去表扬别人，并在表扬的时候更强调过程和态度。自己受到表扬后，也不要骄傲自满，而应保持谦虚谨慎的心态，不断进步。

为什么相比能力，更应该表扬努力的态度？

在表扬别人的时候，应该表扬其努力和成长的过程，而非能力或者结果。

第五章

人际关系

74

有些话不用认真倾听

效果：缓解焦虑

——哈佛大学塔米尔和米切尔的研究

●人天生喜欢说自己的事

当我们听到别人说“这事关一个大项目”“假期我打算去欧洲旅游”等“显摆”的话后，心情就会变得糟糕起来。

很遗憾，虽然存在个体差异，但人总是想谈论自己。

●说自己的事，能激活大脑的奖励机制

哈佛大学的塔米尔和米切尔通过约 300 名实验对象的大脑扫描图像，研究了人们在谈论自己时，大脑的哪个部位会受到刺激。

结果显示，**人在谈论自己的事时，大脑的奖励机制（快乐中枢）会更加活跃。大脑告诉我们，谈论自己的事就能获得“好心情”。**

研究人员还告诉 37 名实验对象：“只有在谈论其他人（比如熟人或名人）而非自己的时候，你才能获得奖励。”

然而，结果显示，有 20% 的人宁愿舍弃奖励，也要谈论自己的事。而如果不限定话题，谈论什么都能拿到奖励，那么有 70% 的人都会谈论自己的事。

当他们谈论自己的事时，30%~40% 的内容都是“向他人传达自己的主观体验”，而网上的言论中，更是有近 80% 都属于此类。

●如何应对认可欲？

这种行为其实也隐含着“希望得到他人认可”的心理。面对一个总想谈论自己的人，其实就是面对他的认可欲。

谈论自己是一种出于本能的欲求，要是被中途打断，心情就会变得糟糕，导致“欲求不满”。

面对总想谈论自己的人，我们只要对他的话点头颔首，他就能获得满足。不必想“为什么他一定要对我说这些话”，可以参考本书第 120 页“重新建构”的方法，适当倾听。

我们要懂得转换倾听方式，不要让别人的话成为自己的压力。

如何应对总想谈论自己的人？

喜欢谈论自己的人一般都希望得到他人认可，他们的一些话不用认真倾听。

专栏五

言语行为论：对方未必理解你表达的真实意图

“好冷呀”这句简单的表达，不同的听者可能会产生不同的理解。如果你是和朋友在外散步时说“好冷呀”，那么这句话只是在说明状况，对方一般只会回答“是呀”或者“确实如此”，不会出现什么问题；但如果是在办公室听到领导说“好冷呀”，那么他想要表达的意思可能是希望你将空调的温度调高一点。

我们说出某些话时，几乎都会伴随言语之外的具体行动。比如，我们说“对不起”的时候，就会伴随道歉的行为；我们说“我是学生”的时候，就会伴随自我介绍或者说明的行为。

这就是哲学家约翰·奥斯丁主张的言语行为论。这些因话语而产生的行为，一般被称为“言语行为”或“话语行为”。

人和人对话属于相互行为，一个人话语的含义在其说话的瞬间并未确定。当他将要说话时，他的大脑里有自己对这些话的理解，并且希望对方也这么理解，但是对方未必会按照他的意图去理解。会话中的话语含义，最终取决于对方如何理解。

举一个简单的例子：骚扰。如果说者只想开个玩笑，但听者把它当成了骚扰，那么它就是骚扰。为了避免误解，我们应该站在对方的立场上，尽可能精确地表达，确保自己的话语不会产生歧义。

因此，我们不但要做事“用心”，还要注意“用词”，这样才能建立良好的人际关系。

第 六 章

【晚上】

消除一天压力的科学方法

75~93

晚上 75

一个人唱卡拉 OK

效果：缓解失落和不安

——英国皇家音乐学院凡科特团队的研究

●在没人的地方独自唱歌可以解压

难受、失落或者压力倍增的时候，唱歌能让我们的心情变好。这种观点已经得到了科学验证。

英国皇家音乐学院的凡科特团队做了一项实验。研究人员将实验对象分为两组，一组在 610 名观众面前唱歌，一组没有观众，然后提取两组实验对象的唾液，并通过问卷调查测定他们的压力值。

结果显示，**“有观众”的实验对象皮质醇分泌增多，不安感上升，而“没有观众”的实验对象皮质醇分泌减少，不安感明显下降。**

在很多人面前唱歌的确会令人紧张，压力也会上升，而独自一人放开歌喉就会十分轻松。如今，独自去唱卡拉 OK 的人越来越多了，因为这对缓解压力十分有效。

●合唱可以增加“快乐激素”

西密歇根大学基勒的研究显示，如果不是一个人当众唱歌，而是**与人合唱，体内的“快乐激素”（催产素）就会增加，成员之间的亲切感也会随之提升。**不仅如此，合唱时歌声越大，“压力激素”（皮质醇）就越少，“快乐激素”就越多。

●行动前先喊出声音，会提升表现

喊出声音的作用已经得到了科学证明。里昂大学的拉巴赫团队做了一项实验，让实验对象先喊“跳”，再原地跳高。结果显示，他们跳得比不出声时高了 5%。

喊出声音能提升干劲，让人更容易使出力气。在进行任何比赛前，都可以试着喊出声音。乒乓球运动员常常通过呐喊鼓舞自己，其效果已经得到科学证明。

要想缓解压力或提升表现，不妨喊出声来。这不需要借助任何工具，每个人都可以轻松做到。

表现的好坏有时取决于声音

有压力时，可以在浴室里唱歌、独自唱卡拉 OK，或者与大家合唱。

76 不要喝闷酒

效果：控制愤怒，缓解不安

——东京大学研究生院药学系研究所野村和松本的研究

●喝闷酒会强化痛苦的记忆

有些人压力太大时，就会忍不住去喝闷酒。

东京大学研究生院野村和松本的研究证明，**喝闷酒其实会强化痛苦的记忆。**

野村和松本先电击白鼠，给白鼠注射酒精，然后观察它们的行为变化。

结果显示，被注射酒精后，白鼠不但没有忘记电击，而且对电击的恐惧增加了，变得异常胆小。酒精强化了白鼠的痛苦记忆。

●长期酗酒会让消除痛苦记忆的能力降低

美国国立卫生研究院霍姆斯团队的研究显示，**长期酗酒会让人消除痛苦记忆的能力降低。**

上述两项研究告诉我们，虽然适度饮酒能舒缓情绪、放松心情，但是酗酒就会产生问题。

酗酒不但会强化痛苦的记忆，还会让我们更难忘却痛苦。试图通过喝闷酒来缓解压力，最终只会适得其反，让自己更加痛苦。

●酒精也有益处

不过，酒精也有好的一面。

格拉茨大学的贝内德克团队以 70 人为样本做了一项实验，结果显示，**不喝酒时创造力低下的人，在适度摄入酒精后创造力会提升。**

研究人员把40名男性分为“喝酒”和“不喝酒”两组，先让“喝酒组”的人喝一罐啤酒，再测定两组的执行力和创造力。结果显示，**喝酒的人比不喝酒的人创造力更强。**

●适度饮酒可以提升创造力

一般情况下，大脑的**工作记忆**会对必要信息和非必要信息进行取舍。摄入酒精后，大脑会变得迟钝，**有些平时会舍弃的信息因此被保留了下来，**进行前所未有的组合，从而产生新的想法。

要想激发创造力，仅需1~2罐啤酒，但也要注意适量饮酒。

喝酒的好处与坏处

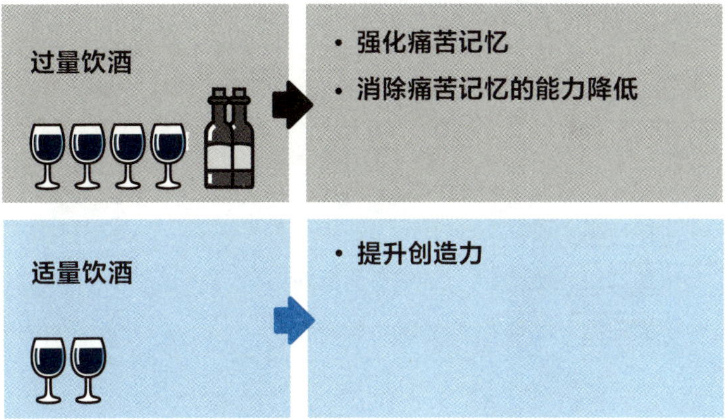

借酒消愁愁更愁。

晚上 77

不要常看负面新闻

效果：减少不安和抑郁

——萨塞克斯大学约翰斯顿和格雷厄姆的研究

●人本来就容易关注消极事物

消极的信息容易引起人们的注意，这种现象被称为**消极偏见**。

这与我们的生存本能有关：**只有事先关注消极事物，提前准备好应对方式，才能在生存竞争中获得有利地位。**

●经常看负面新闻容易抑郁

密歇根大学安娜堡分校的索罗卡从 17 个国家中选取了 1156 名实验对象，让他们观看正能量新闻和负面新闻，研究这些新闻对他们的皮电反应、血量、脉搏次数的影响。

萨塞克斯大学的约翰斯顿和格雷厄姆也做了一项类似的研究。他们选取了 30 名实验对象，分为以下三组：

第一组 观看 14 分钟的正能量新闻

第二组 观看 14 分钟的普通新闻

第三组 观看 14 分钟的负面新闻

结果显示，**观看负面新闻的实验对象不安和悲伤的情绪增加，开始关注甚至担心与新闻无关的私事，从而更容易陷入抑郁和悲观的状态。**

●负面新闻也会给记者带来不良影响

新闻记者拥有比一般人更强的忍耐力，但负面新闻也会给他们带来不良影响。

墨西哥国立自治大学莫拉莱斯团队的研究显示，**经常报道悲惨事件的记者罹患抑郁症、焦虑症、创伤后应激障碍的概率更高，烟和酒的摄入量也会增加。**

如果总是看到电视上播放的负面新闻或演员情绪化的痛苦表演，人就会在不知不觉中变得消极。

用计时器限制观看负面新闻的时间

为了不持续关注负面新闻，可以限定观看时间。

晚上 78

不要乱发脾气

效果：控制愤怒和焦躁

——俄亥俄州立大学布什曼团队的研究

●对其他人或物发泄怒火，坏情绪会持续更久

当你备感压力时，可能会对别的人或物乱发脾气，然而事情过去后只会更厌恶自己。

乱发脾气给周围人带来的影响不言而喻。俄亥俄州立大学布什曼团队的研究显示，这种影响还会波及自己。

研究人员首先告诉实验对象一个虚假信息：相比向他人发泄，向枕头或者沙袋等无生命的东西发泄怒火能更有效地平复情绪。

接着，一位事先安排好的合作者会严厉批评实验对象的文章，激怒他们，再让他们选择研究人员提供的若干解压法，他们无一例外都选择了打沙袋。

打沙袋后，实验对象并没有平息怒火，攻击性反而持续得更久，不仅对合作者发了脾气，还迁怒于与此无关的人。

当我们想发脾气时，攻击物品非但不能缓解压力，还会适得其反。

●乱发脾气有百害而无一利

人之所以会有攻击性，是因为无法报复激怒自己的对象或者无法实现自己的目标，从而心生不满。

不过，要是任由自己乱发脾气，那么周围的人就会离我们远去。

特别是在家里受到溺爱的人，最容易颐指气使。然而，关心我们的正是最容易被我们伤害的身边人。乱发脾气有百害而无一利。

想发脾气的时候，可以参照本书第 120 页介绍的“重新建构”、第 116 页的“忍耐 10 秒钟”和第 118 页的“左手握拳”等方法，做好**情绪管理**。

乱发脾气会让怒火更持久

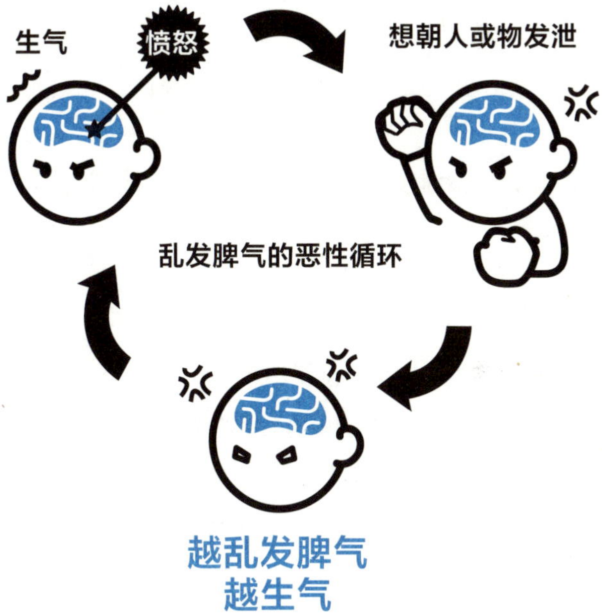

发脾气前，想清楚这么做会产生什么负面影响。

晚上

79

遇到不顺心的事时要吐槽

效果：平复心情

——北京航空航天大学范团队的研究

●在网络上吐槽能有效平复心情

研究显示，人们在网上倾诉负面情绪后，心情就会变好。

北京航空航天大学的范团队通过与中国、美国、荷兰的研究者合作，对 74487 名社交平台用户进行了调查研究。

结果显示，心情好的时候谈谈与好心情有关的事，好心情就会持续 1 小时左右。

而心情不好的时候吐槽，约 10 分钟后心情就会恢复平静，这种平静的状态会持续 1.5 小时。

吐槽可以减少不快。这也称得上是一种高效的情绪平复法。

●长期使用社交软件容易抑郁

然而，研究也指出，**长期使用社交软件会对人的精神产生消极影响**。

伦敦大学学院的凯利团队对一万多名年轻人（平均 14.3 岁）做了一项调查，结果显示，使用社交软件的时间越长，患抑郁症的风险越高，这种迹象在男生身上尤为明显。

●越喜欢爆粗口的人，寿命越短

此外，该研究指出，为了排解消极情绪而爆粗口攻击别人，或者一味地批评别人，都无益于健康。

东芬兰大学的内乌沃宁团队对 622 人进行了阿尔茨海默病的相关分析，对 1146 人进行了寿命分析，其结果充分证明了上述结论。

上了年纪后，越是不信任别人，患阿尔茨海默病的风险就越高，大约是普通人的三倍。

如果钻牛角尖，一味地陷入消极情绪，就容易耗费心力，影响身体健康。

使用社交软件进行吐槽并无绝对的好坏，要注意适度吐槽，不肆意散播消极言论，才有助于平复心情。

合理使用社交软件来调节心情

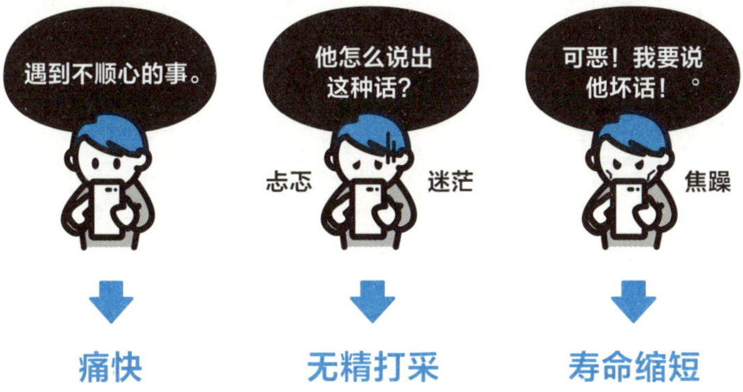

使用社交软件吐槽时，不要沉迷其中，更不要攻击他人。

第六章

晚上

80

适度使用社交软件

效果：减少孤独、抑郁和不安

——宾夕法尼亚大学亨特团队的研究

●适度使用社交软件可以抑制孤独和抑郁情绪

虽然社交软件有诸多不良影响，但根据上一节的内容，我们知道社交软件也有好的一面。

宾夕法尼亚大学亨特团队的研究显示，社交软件的效用会受到使用时间长短的影响，**每天适度使用可以抑制孤独感和抑郁情绪。**

亨特团队对 143 名学生进行了为期三周的调查，将他们随机分为以下两组：

第一组 每天只使用社交软件 10 分钟

第二组 不限制社交软件的使用时间

结果显示，和 **第二组** 相比，**第一组** 学生的**孤独、抑郁、不安等消极情绪都得到了明显抑制。此外，两组学生担心“被孤立”的情绪都得到了消解。**

为避免因长时间使用社交软件而产生不良后果，**将每天的使用时间限制在 30 分钟内，能最大限度地获得幸福感与安心感。**

●关注昔日恋人会阻碍自己成长

俄亥俄州立大学的福克斯与夏威夷大学的德永证明，与昔日恋人互动会阻碍双方成长。

研究人员选取了 431 名过去一年间失恋的大学生作为实验对象，他们和昔日恋人都有使用社交软件的习惯。研究人员询问他们“与对方的亲密度”“是否想结交新的异性朋友”“关注昔日恋人的频率”。结果发现，**越是关注昔日恋人的近况及交友状况，越容易产生悔恨和不舍等情绪，从而失去结交新朋友的兴趣。**

这说明关注昔日恋人会在一定时期内阻碍自己的成长。

如果拖泥带水，沉迷于过去，使用社交软件只会让你身心俱疲。社交软件要适度使用，不要深陷其中。

社交软件正确与错误的使用方式

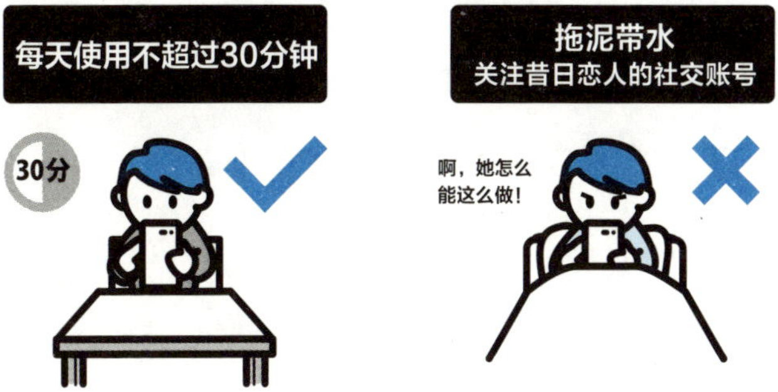

每天使用社交软件不超过 30 分钟，
不要过度关注昔日恋人的社交账号。

第六章

晚上

81

不要只用社交软件交流

效果：减少嫉妒、欲望和抑郁

——圭尔夫大学缪斯团队的研究

●社交软件是嫉妒诱发器

日常生活中，与压力相关的圈套无处不在。

本书讨论如何使用社交软件的案例中，当数圭尔夫大学缪斯团队的研究最为典型。研究表明，**越关注家人或恋人的社交账号，越容易嫉妒。**

研究人员选取了 308 名使用社交软件的单身人士、恋人、已婚人士，调查他们是否对家人或朋友心存嫉妒。

结果显示，女性的嫉妒心更强一些。

此外，超过 70% 的人会把曾经发生过性关系或有好感的异性加为“好友”。

这意味着**打开社交软件就像是打开了嫉妒诱发器**，只要彼此感情稍有裂隙，就会引发嫉妒。

●越是社交软件重度用户，越容易羡慕别人

南洋理工大学的谭德克团队对736名大学生做了一项实验，结果显示，越是社交软件重度用户，越容易羡慕别人。

谭德克团队认为，社交软件的重度用户交友网络广，接触的信息多，与其他人攀比的机会也多，这导致他们更容易羡慕别人。

研究也指出，**在使用社交软件时，越关注别人的动态，就越容易羡慕别人，由此引发抑郁症的可能性也就越大。**

●不要只用社交软件交流

社交软件的一个特点是，用户一般不会发布消极信息，通常会展示自己成功的经历、积极的人际关系等令人羡慕的信息，这些信息容易引发其他人的抑郁。

的确，如果在社交软件上看到恋人或家人正享受着自己得不到的假期，或是取得了自己难以达到的成就，内心无法淡定也是可以理解的。

君子不立危墙之下。恋人或家人之间最好不要只用社交软件交流，要尽可能少用。

另外，你在社交软件上发布的内容不知道会被什么人看到，所以也要多加注意。

社交软件容易引发抑郁

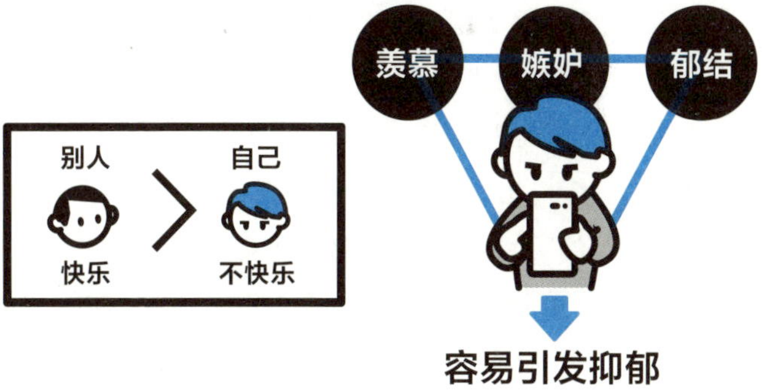

不要只用社交软件和家人、同伴、恋人交流，不要在社交平台上过度关注他们。

第六章

晚上

82

共情力训练

效果：提升共情力，更加温柔和宽容

——苏黎世大学辛格团队的研究

●共情力可以通过训练来提高

如果缺少共情力，我们就难以融入周围的环境。对此，苏黎世大学的辛格团队专门设计了一套训练方式，希望能给那些因难以融入周围环境而感到苦恼的人带来帮助。

辛格团队的研究证明，**即使已经长大成人，也可以通过一定的训练培养温柔的性格和宽容之心。**

这套训练方式具体如下：

共情力训练

回顾自己的痛苦经历，接着想一想亲人的难处，高喊“我愿意和你分享痛苦”“我理解你的难处”等话语培养共情力。把这种共情从认识的人身上发散到不认识的人身上。

同情心训练

回顾自己的痛苦经历，接着想一想亲人的难处，用“我来守护你”“我来做就可以”等话语传递温暖和决心。将这种关爱从亲人身上发散到认识的人身上，再发散到不认识的人身上。

辛格团队让实验对象进行上述训练后，观看电视上“日常的画面”和“某人痛苦回忆的画面”，观察他们的大脑反应。

结果显示，**接受了 共情力训练 和 同情心训练 的人，比没有接受训练的人具有更强烈的共情力和同情心。**接受 **同情心训练** 后，电视上的痛苦画面给实验对象带来的消极影响也会减少。另外，接受这两项训练的人在以后的生活中更愿意帮助他人。

●共情力随时可以训练

如果你缺少共情力和同情心，难以理解身处不同境遇的人，那就试试辛格团队的训练方法。

无论是亲人、朋友、恋人，还是小猫、小狗，对我们来说都是重要的存在，我们面对陌生人时也应该怀着这种温柔的心情。

不管是在上下班的地铁上、吃午饭时，还是在公共澡堂里，都可以进行这套训练，每天三分钟即可，不妨一试。

共情力的训练方法

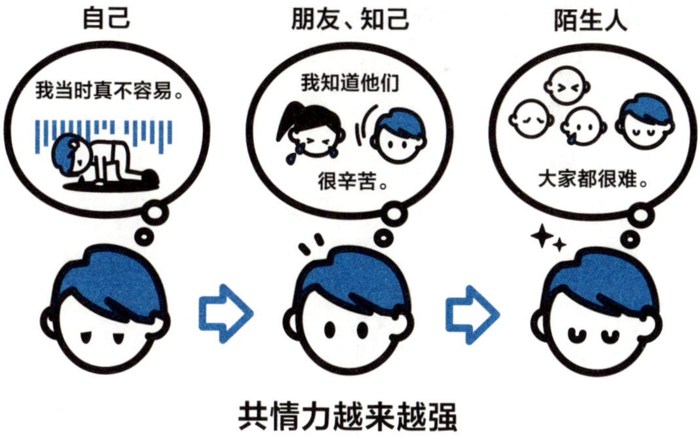

回顾自己的不幸遭遇，安慰自己，再将这样的心情映射到别人身上，就能提升共情力。

第六章

晚上

83

阅读小说

效果：提升共情力，促进人际关系

——新学院大学基德和卡斯塔诺的研究

●阅读小说可以提升共情力

人际关系中的大部分问题都源于双方的理想和价值观存在偏差。

遭遇不同的价值观时，首先要尊重对方，有了包容心才不至于充满敌意。

怎么做才能养成包容的习惯呢？下面的实验可以作为参考。

新学院大学的基德和卡斯塔诺将 86 名实验对象分为两组，让其中一组阅读虚构类作品，另一组阅读非虚构类作品，然后让实验对象按照**心智理论**，通过表情读懂对方的情绪。

结果显示，**阅读虚构类作品的实验对象比阅读非虚构类作品的实验对象在理解他人方面更具优势。**

●阅读文学作品可以加深对人的理解

研究人员还让 114 名实验对象分别阅读文学作品和通俗小说，然后比较他们的变化。

结果显示，相比阅读通俗小说或什么也不读的人，阅读文学作品的人有更好的理解能力。

之后，研究人员对 72 名阅读文学作品和通俗小说的实验对象进行了比较，发现**在理解出场人物的思维和情感方面，阅读文学作品的实验对象明显更能抓住重点。**

顺便补充一句，即便是讨厌文学的实验对象，在阅读文学作品后也提高了理解他人的能力。

●投入情感地阅读，有助于理解他人心情

文学作品一般都会着重描写出场人物的状况、内心情感等，因此，在阅读文学作品时，我们可以通过投入自己的情感来加深对他人境遇的共情和理解。

世间每个人都有不同的思想和价值观，只有理解别人、尊重别人，才能守住自己的内心。

不仅如此，共情力也是一种永远不会被人工智能取代的能力。

我们在日常生活中接触到的人有限，而在文学作品中出场的人物无穷无尽。因此，我们可以在文学作品中品味不同人物的思维方式和世界观。

阅读小说可以提高共情力

如果缺少共情力，无法理解别人的心情，
可以通过阅读文学作品培养理解能力。

第六章

晚上

84

将不安写出来

效果：缓解不安

——南卫理公会大学佩内贝克团队的研究

●将不安写出来，可以长期保持精神安宁

南卫理公会大学佩内贝克的研究显示，将内心的不安写在纸上能有效缓解不安。

佩内贝克团队选取了 50 名实验对象（女性 36 名，男性 14 名），先让他们安静地待上 10 分钟，再监测他们的血压、心率、皮电反应，采集血液，让他们回答问题，然后按照相同的男女比例，将他们分为以下两组：

第一组 每天花 15 分钟写下人生中最痛苦的回忆

第二组 每天花 20 分钟写下当天所做的事、所穿的衣物等琐事

研究人员在 4 天后再次监测他们的血压、心率、皮电反应，采集血液；6 周后第三次采集他们的血液；最后作为跟踪调查，发邮件让他们回答问题。

结果显示，写下消极回忆的 **第一组** ，虽然在实验刚结束时出现了情绪消极、头疼、心悸、肌肉紧张等问题，但**从长期来看，他们的免疫力、精神状态、自律神经状况等都得到了改善，前往诊疗中心的次数也开始减少。**

●将不安写出来能提升工作记忆能力

还有一项实验与此相关。北卡罗来纳州立大学的克莱因和北得克萨斯州大学的博尔斯让 35 名新生每天花 20 分钟，持续两周写下“入学的心

情和感想”，让另外 36 名新生写下“和大学无关的一般琐事”。

7 周后，相较后一组学生，前一组学生不仅精神状态得到了改善，工作记忆能力也得到了大幅提高。

克莱因和博尔斯的另一项实验显示，**写下消极体验的 34 人相比写下积极体验的 33 人和写下普通体验的 34 人，工作记忆能力得到了提升，记忆负担减轻。**

因为不用想太多，所以工作记忆能力得到了提升。写出不安能够抑制不安，从而提高工作表现。

写出不安，大脑的不安就会得到排遣

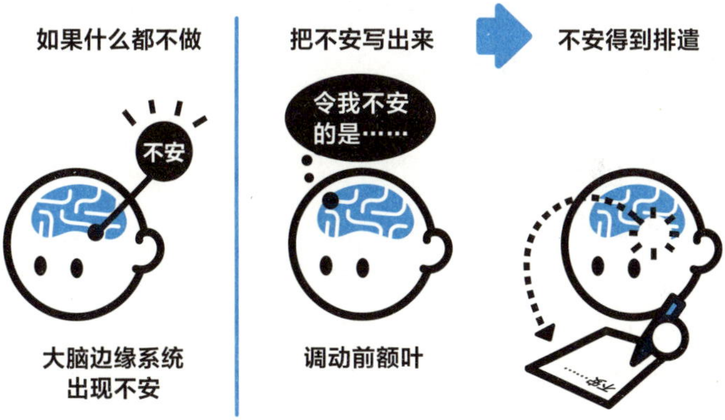

感到不安时，不要置之不理，而要敢于将不安写出来。

第六章

晚上

85

不要回避消极情感

效果：提高创造力和幸福感

——庞培法布拉大学库伊德巴克团队的研究

●感知多种情感让人更幸福

据说，要想感到幸福，就得接受消极情感的存在。

庞培法布拉大学的库伊德巴克团队以 37000 人为研究对象，询问他们体验喜悦、敬畏、希望、感激、爱、自尊等 9 种积极情感以及愤怒、悲伤、恐惧、厌恶、罪恶感、不安等 9 种消极情感的频率。

结果显示，**能感知多种情感的人，即情感丰富的人，精神更健康，幸福感更高。**

换言之，仅仅经历好事并不会感到幸福，只有体验过酸甜苦辣种种味道，才能获得真正的幸福。

●消极情感能提升创造力

这种现象可以用**整体性**（wholeness）来解释。

这个概念由乔治梅森大学的卡什丹和波特兰大学的比斯瓦斯-迪纳共同提出，他们倡导幸福的思维方式，强调消极情感的积极作用。

他们的研究显示，经历过积极情感和消极情感的人，相比那些一直在经历积极情感的人，创造力要高 10% 左右。

研究指出，**平时用 80% 的时间感知积极事物，20% 的时间感知消极事物，这样的分配方式最为理想。**

正因为体验过消极情感，幸福感和创造力才会提升。

●仅仅追求快乐，幸福不会持久

诺贝尔经济学奖得主卡内曼博士认为，幸福感分为“主观的满足感”“快乐的人格特质”“积极的情感”“对幸福的感知能力”四个要素。

有一种幸福就是“人生虽有缺憾，但舒舒服服地泡个澡就能感到的幸福”。

卡内曼博士认为，**追求快乐可以获得一时的幸福，但无法支撑长久的幸福**。

幸福的要素之一就是消极情感。

真正的幸福是既经历过幸运，也遇到过不幸。

因此，没有必要逃避消极的情感和消极的体验。有了消极的体验，才能创造真正的幸福。

不要回避消极的情感和体验，大胆接受，
使之成为幸福的支柱。

晚上
86

患有精神疾病很正常

效果：消解抑郁

——杜克大学谢弗团队的研究

●大部分人一生中至少会得一次精神疾病

人生不如意之事让人沮丧。无论做什么，都伴随着不安、担心、生气等种种会造成精神压力的情绪。

也许你会想“为什么我这么没用”，或者“为什么我不能像别人一样过得快乐”。

这样想的绝不止你一个。

美国杜克大学谢弗团队的研究认为，**大部分人一生中至少会得一次精神疾病。**

●没有得过精神疾病的人有两个共同点

谢弗团队选取了约 1000 名实验对象，追踪记录了他们从出生到中年的精神健康状况。其中，**83% 的实验对象都自称“得过精神疾病”**。

那么，剩余 17% 没有得过精神疾病的人都有什么特征呢?

有人可能会认为他们很成功，或者非常理性，这样的猜测都不着边际。

实际上，他们有两个共同点：**首先，他们的家族中基本上没有人得过精神疾病；其次，他们的性格存在共同点，小时候比较自律，周围有很多朋友。**

●精神疾病和感冒一样

大部分人都会得精神疾病，所以没必要大惊小怪。不如将精神疾病视作精神上的骨折、感冒，理性应对。

林奈大学扬比斯特团队的研究显示，每月给精神疾病患者发放 6500 日元(约合人民币 323 元)，连续发放 9 个月，他们的不安、抑郁就会减少，人际关系及生活质量则会提高。

现代社会中的种种现象也告诉我们，**人们内心的痛苦与贫困、收入差距有一定的关系。**

这并不是说精神疾病患者需要很多钱，而是说他们需要能让内心感到安全的事物。社会可以提供很多这样的援助，我们绝不能隔岸观火。

17% 没有得过精神疾病的人有什么共同点?

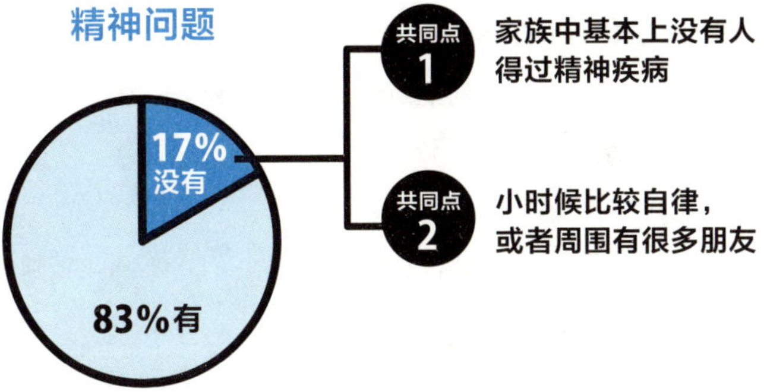

把精神疾病视作精神上的感冒。
试着对痛苦或抑郁的人进行社会援助。

晚上

87 不要和别人比较

效果：缓解不安，提升幸福感

——特拉维夫大学阿拉德团队的研究

●人为什么喜欢和别人比较？

人总喜欢有意无意地与别人比较。

看到比自己差的人时会感到安心，看到比自己好的人时会心生怨恨或者嫉妒，从而产生压力。

虽然明知道“自己是自己，别人是别人，比来比去没有必要，也没有意义”，但仍然控制不住自己。

为什么我们总会与他人进行比较呢？

对此，斯坦福大学的费斯廷格提出了**社会比较理论**。他认为，**与他人比较，是出于正确评价自我的需要。**

人生在世，有必要充分了解自己，清楚自己所处的状况或环境。

●和别人比较会降低幸福感

特拉维夫大学的阿拉德团队做了一项实验，实验对象都是被禁止使用社交软件的信息安全公司的员工，共有 144 人。

研究人员让实验对象使用社交软件，调查他们“如何看待朋友在社交软件上发布的积极信息或消极信息”“浏览朋友圈的频率”“自己的经历”“与他人比较的程度”等。

结果表明，**越是年轻的员工，使用社交软件时就越会与他人比较，而一旦进行比较，幸福感就会降低。**

仅仅是“浏览朋友圈的频率”高，不会降低幸福感，影响幸福感的是“与他人比较的程度”。

●和别人比较很容易出现抽样偏差

社会比较在某种意义上属于简单的抽样，很容易出现抽样偏差。

如果想通过社会比较来进行自我评价，就必须收集和调查大量的样本。

要是过于关注别人，自己的幸福感就容易降低。

我们不应该一味地将自己和别人做比较，而应该以更开阔的视角思考自己的境况。

和别人比较没有意义

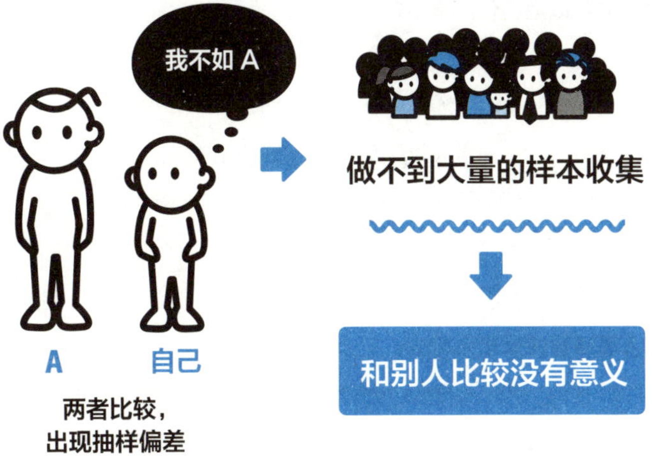

和别人比较容易出现抽样偏差，应以更开阔的视角审视自己。

88 拥抱他人或某个物体

效果：提升幸福感，缓解不安

——日本国际电气通信基础技术研究所清冈团队的研究

●与家人、恋人、同伴拥抱可以增加催产素

与家人、恋人、同伴拥抱会带给我们一种安全感。这背后的原因已经得到了科学的解释。

南加利福尼亚大学莱特团队的研究显示，夫妻之间频繁的拥抱可以增加催产素。

同样，杨百翰大学霍尔特-伦斯塔德团队的研究也认为，**同伴之间的身体接触可以增加催产素。**

●拥抱使我们不容易患感冒

此外，卡内基梅隆大学的科恩选取了406位健康的成年人作为实验对象，在两周内对他们每天的活动以及是否拥抱、是否存在人际关系问题等进行采访，然后人为地使他们接触感冒病毒，观察他们对疾病的抵抗力。

结果显示，人际关系的好坏与感冒并无直接的因果联系，但是**经常拥抱的人患感冒的风险会减少。**

此后四周，研究人员又对他们进行了跟踪调查。结果表明，**因为“频繁拥抱”而增加了体内催产素的实验对象，不会患重度流感。**

●拥抱物体也有效

人与人之间的拥抱可以产生积极的效果，这不难理解。但令人惊讶的是，拥抱物体也能带来同样的效果。

日本国际电气通信基础技术研究所（ATR）清冈团队的研究显示，**在和远方的朋友打电话时，如果抱着抱枕之类的东西，体内的“压力激素”会降低，“快乐激素”会增加。**

所以，当我们感到失落时，可以抱紧某个物体。

拥抱物体能增加催产素

感到不安或失落时，可以抱紧靠垫或布偶。

原谅他人

效果：减轻内心负担，治愈心理创伤

——三一大学华莱士团队的研究

●人会对无法原谅自己的人进行二次伤害

有些人由于一些意外情况就和朋友一拍两散，老死不相往来，或者因为一点嫌隙就心生怨恨。本来只要一方道歉就可以相安无事，奈何双方都放不下面子。

三一大学华莱士团队的研究证明了原谅的重要性。

该实验让 153 名学生思考身边发生的事，然后阅读以下剧本：

> 你是大学生，为了实现自己的目标而迷失了方向。你本无心伤害别人，但还是对大学好友做了很过分的事。后来，你给朋友们写了道歉信。两周后发生了一件事，使你必须伤害这些朋友中的一个人。这时候，你听说朋友们都没有原谅你，除了一个人。那么，你会选择去伤害原谅你的人还是没有原谅你的人？

问卷调查的结果显示，**86% 的学生选择了去再次伤害没有原谅自己的人。**

如果过错方能以自己的行动获得对方的原谅，那么他再次伤害对方的可能性就会降低。

●得到原谅后会心生悔意

此外，华莱士团队的另一项实验表明，**如果得到了原谅，过错方心生悔意的可能性就会增加。**

一个人如果无法原谅他人，即使时间流逝，内心也会留下阴影，同时这也会增加双方对彼此的敌意。

如果你用善意对待别人，别人也会用善意对待你；如果你用恶意对待别人，别人也会用恶意对待你。这就是互惠效应。

因此，该原谅的时候要大度地原谅，这不管对自己还是别人都有好处。宽容也是减轻内心负担的关键。

原谅他人也有利于自己

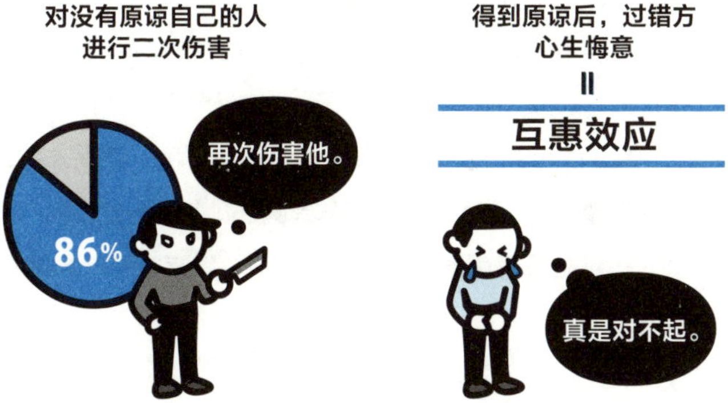

为了自己，也为了别人，要想减轻内心的负担，就要尽可能大度地去原谅他人。

90

懂得感恩

效果：促进睡眠

——曼彻斯特大学伍德团队的研究

●越懂得感恩，睡眠质量越好

要想有效缓解压力，寒暄、微笑、运动等都是值得尝试的手段。

此外，还有一个妙招可以尝试，就是感恩。研究表明，**生活中越是懂得感恩的人，睡眠质量越好。**

曼彻斯特大学的伍德团队选取了401名18~68岁的实验对象，通过问卷调查研究感恩与睡眠、性格之间的关系。

研究人员让实验对象回顾自己的人生，针对“我对很多人心存感恩之情”“人生中值得感恩的事很多”“人生中值得感恩的事几乎没有”等陈述，给出从“非常认同”到“完全不认同”7个等级的评价。

然后，研究人员记录了他们的睡眠质量、睡眠时间、睡眠效率、睡眠深度、白天的活动情况，进而研究感恩与睡眠之间存在什么联系。

结果显示，**越是懂得感恩的人，睡眠质量、睡眠效率就越高，深度睡眠的时间也越长。**

●对任何性格的人都有效

值得注意的是，上述调查对于神经质型、外向型、开放型、协作型、诚实型这五种性格类型进行了分析，发现人的性格与熟睡度基本没有关系。

无论是何种性格的人，内向也好，协作能力低下也好，只要在日常生活中怀有感恩之心，就能获得良好的睡眠。

研究还证明，睡前想一些积极的事情，可以提高睡眠质量。本书第194页北京师范大学的研究也证明了这一点。

感恩不仅可以为我们带来良好的睡眠，还能成为我们日常生活的活力来源。

感恩带来的良性循环

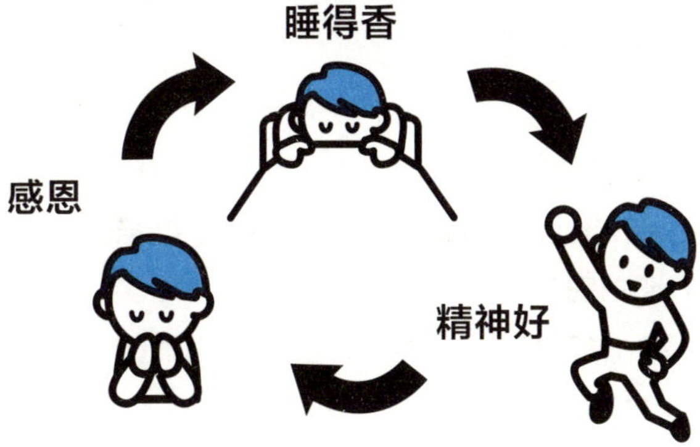

要想拥有良好的睡眠和健康的生活，
就应该常怀感恩之心。

不要熬夜

效果：避免愤怒和焦躁

——加利福尼亚大学伯克利分校刘团队的研究

●睡眠不足影响情绪控制

睡眠不足的危害，不仅仅是使人焦虑、陷入消极情绪。

加利福尼亚大学伯克利分校的刘团队以健康的年轻人为实验对象，将他们分为以下两组：

第一组 睡眠充足

第二组 熬夜

第二天早上，研究人员让两组实验对象看不会引起情绪变化的中性照片和会引起消极情绪的照片，共 100 张，并利用功能性磁共振成像技术观察他们大脑的反应。

结果显示，**熬夜的 第二组 在看消极照片时，（会产生愤怒情绪的）小脑扁桃体的活动增加了 60%，而获得充足睡眠的 第一组 在看到同样的照片后，小脑扁桃体的活动得到了控制。**

●睡眠不足时看问题容易消极

拉奎拉大学的滕佩斯塔团队将实验对象分为两组，让他们分别观看消极、积极和中性的画面，并监测他们大脑的反应。

第一组 5 天内保持充足的睡眠

第二组 5 天内每天只睡 5 小时

结果显示，第二组即使在看积极和中性的画面时，也会出现消极反应，注意力会降低。

●睡眠不足会导致情绪明显波动

加利福尼亚大学伯克利分校的古杰尔团队让睡眠充足和睡眠不足的实验对象观看同样的画面，观察他们的脑部反应。结果显示，睡眠不足的人不仅消极情绪增加，积极情绪也有所增加。

如果一个人一直得不到充足的睡眠，那么他的情绪会像钟摆一样，在积极与消极之间来回波动。这也可能会导致躁郁症。

身体疲惫，内心感到异常焦躁，这有可能是睡眠不足导致的。

希望大家不要熬夜，保持充足的睡眠。

睡眠不足会导致情绪不稳定

不要熬夜。睡眠不足会导致焦躁或情绪不稳定。

92 不要带着糟糕的心情入睡

效果：缓解焦躁、愤怒和抑郁

——北京师范大学柳团队的研究

●赌气入睡会增加压力

当你和某个人吵架或听到别人说了你的坏话后，有过赌气入睡的经历吧？

你可能会觉得，心情不好的时候，只要睡一觉，醒来后心情就会好转。实际上，**带着消极的情绪入睡会产生更多的压力。**

●调整心情再睡，负面记忆会减少 60%

北京师范大学柳团队的研究选取了 73 名男性，先后三次对他们的睡眠情况进行了测试。

研究人员让他们连续两天看 52 张动物尸骸、手枪等会引发负面情绪的照片，并记下照片的内容，然后将他们分为以下四组，研究睡眠对记忆的影响。

第一组 看完照片 30 分钟后进行测试，说明自己记住了几张照片

第二组 看完照片后直接入睡，第二天再进行测试

第三组 看完照片后看美女的图片调节心情，30 分钟后进行测试

第四组 看完照片后看美女的图片调节心情，然后入睡，第二天再测试

结果显示，第一组 和 第二组 记住的照片数量几乎没有差异，然而 第四组 记住的照片数量要比 第三组 少三分之一。

实验充分证明，睡眠期间记忆会留存，负面记忆也不例外。甚至可以说，**越是负面的记忆，越容易留存。**带着糟糕的心情入睡，负面记忆就会原封不动地留存下来。

因此，我们应该尽可能调整好心态再入睡。最好在睡前将心情调整到积极的状态。

睡前的情绪会在睡眠期间留存

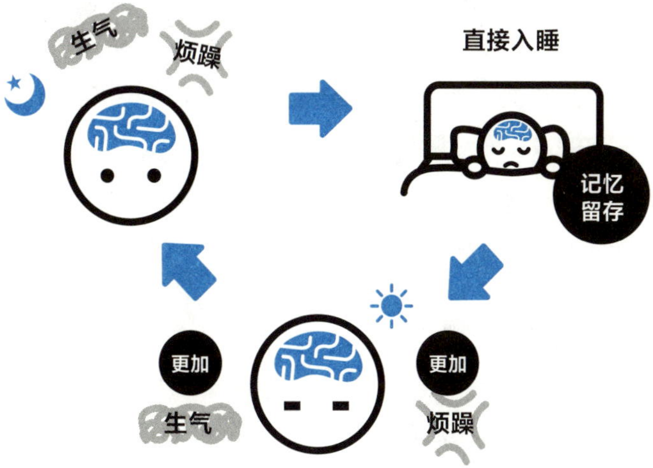

情绪不佳时不要直接入睡，先做点喜欢的事，放松自己，这样第二天的状态会更好。

第六章

晚上

93

保证 8 小时睡眠

效果：治愈心理创伤

——拉什大学卡特赖特的研究

●梦到创伤经历有助于治愈创伤

睡眠对治愈心理创伤至关重要。

有些人遭遇离婚等问题后意志消沉，并产生了抑郁倾向。拉什大学的卡特赖特团队做了一项关于梦境与心理创伤的研究。

卡特赖特团队花了大约一年的时间，对 61 名实验对象的梦境进行了记录和调查。

研究人员对梦的内容进行分析，询问实验对象是否做过关于心理创伤的梦，因心理创伤而产生的抑郁、不安等消极情绪是否有所缓解，等等。

结果显示，**有心理创伤的人梦到类似经历后，他们的抑郁状态会有所缓解，内心的创伤会逐渐愈合。**

相反，如果梦中没有出现与现实类似的痛苦经历，他们的抑郁状态则无法减轻，会持续下去。

●快速眼动睡眠可以有效治愈心理创伤

加利福尼亚大学伯克利分校从事睡眠研究的团队指出，**充足的快速眼动睡眠可以缓解创伤后应激障碍。**

简单地说，快速眼动（REM）睡眠是睡眠过程中眼球不停摆动的阶段。**非快速眼动睡眠有助于大脑整理信息，而快速眼动睡眠有助于大脑合并信息。**

快速眼动睡眠还可以调整脑部的感知，提高情感认知能力。如果无法保证充足的快速眼动睡眠，就会导致社交能力下降，陷入抑郁状态。

●保证 8 小时睡眠，生活才会丰富多彩

怎样才能保证充足的快速眼动睡眠呢？

答案就是**“保证每日不少于 8 小时的充足睡眠”**。

忙得不可开交，没有时间休息，只能连夜奋战，这样下去，只会将自己推入泥潭。

有人会“存储睡眠”，即能睡的时候多睡一会儿，但研究证明，**这对调节身心状态意义不大。**

一项针对全美国劳动者的调查显示，平均睡眠时间越多的人，收入也越多。不仅如此，睡眠时间不足的人对选举投票和慈善捐赠等社会活动的参与度也比较低。

因此，不应以“工作”为标准，而应该以“睡眠”为标准来安排生活。

已经陷入恶性循环的人要赶紧切换到“睡眠第一”的生活方式。

非快速眼动睡眠和快速眼动睡眠的区别

因心理创伤或抑郁而内心不安的人，
要保证每日不少于 8 小时的充足睡眠。

专栏六

要想获得幸福，就要记住幸福五要素

人生漫长，不可能一辈子都处在幸福之中。俗话说“山有高峰，也有低谷”，我们一生的道路并非全是坦途，有快乐，当然也会有悲伤。如本书第 180 页所说，我们要敢于面对消极事物。

幸福感因人而异，在人的一生中较为固定。因此，不必过度羡慕别人。

幸福是我们自身的一部分，不要给自己定下不切实际的目标，不要试图超越自己努力的极限。

关于什么是幸福，学者们还没有定论。不过，如果你拥有积极的情绪（positive emotion）、投入的状态（engagement）、人际关系（relationships）、人生意义（meaning）和成就（achievement）这五个要素，那么你就接近幸福了。

只有经历过悲伤，才能真正地感受到幸福。幸福没有捷径，但我们可以找到通往幸福的道路。

第七章

【休息日】

自我疗愈和获得活力的科学方法

94~100

第七章

休息日

94

体验森林浴

效果：提升幸福感，保持健康

——密歇根大学亨特团队的研究

●一周体验 120 分钟森林浴，会更加幸福和健康

研究显示，**一周内接触大自然两小时以上的人，比不接触大自然的人更健康，也更幸福。**

埃克塞特大学的怀特团队以两万人为对象，研究他们过去一周业余时间中接触大自然的情况与健康、幸福之间的关系。

结果显示，**相比不接触大自然的人，每周接触大自然 120 分钟以上的人健康状况更好，幸福感也更强。**这一点在年长者和有慢性健康问题的人身上表现得尤为明显。

不过，每周接触大自然的时间达到 230 分钟后，再花时间去户外，幸福感就不会提升了。因此，并不是接触大自然的时间越长，幸福感就越强。

●一周亲近大自然三次，每次 20~30 分钟，皮质醇就会减少

2019 年，密歇根大学的亨特团队选取了 36 名城市生活者，让他们连续 8 周内每周接触大自然不少于三次，每次接触的时间不少于 10 分钟。

地点是实验对象能感受到“自然”的地方。实验期间，研究人员分四次监测了他们**皮质醇**的分泌量。

结果显示，**每次与大自然接触 20~30 分钟效果最好，平均每小时的压力值会降低 28.1%。**接触大自然超过 30 分钟后，压力也会降低，只不过趋势会渐渐平缓。

生活在城市中的人要想缓解压力，可以定期体验森林浴，即使每次时间短一点也没关系。

●沉浸在大自然中三天，就能提高解决问题的能力

值得关注的是，堪萨斯大学阿奇利团队的研究认为，沉浸在大自然中三天，就能提高解决问题的能力。

阿奇利和 22 名学生到犹他州的一个峡谷野营，行程共计三天。学生们被分为“游玩组”和“不游玩组”。

结果显示，“游玩组”的学生更加沉浸在大自然中，解决问题的能力提高了 50%，逻辑思考能力和认知能力也得到了提高。由此可见，大自然对我们的积极影响是有科学依据的。

体验森林浴的三种方法

第一种	第二种	第三种
一周内总共体验 120 分钟	每天 20~30 分钟，每周三次	沉浸在大自然中三天
周末出行	散步	野营

生活压力太大时，可以去大自然放松一下。

第七章

休息日

95

参加园艺活动

效果：放松身心

——千叶大学池井团队的研究

●盆栽或生物景观可以帮我们减轻压力

上一节介绍了森林浴的作用，但不是每个人都有亲近大自然的条件。

对此大家不必担心，在自己家中也能达到与在森林中一样的放松效果。

千叶大学池井团队的研究指出，盆栽或生物景观有助于我们缓解压力。

“生物景观”（biotope）一词源自希腊语，由“生命”（bio）和“场所”（topos）组成，指各类生物共同生长的区域或空间。近来就有用小盆或小水池做成的人工生态系统。

●副交感神经发挥作用，可以让人更放松

千叶大学的研究团队以抑郁症患者、脊髓损伤患者和高龄康复训练者为对象，研究盆栽或生物景观具有怎样的生理性缓解效果。

研究团队让 29 名男性抑郁症患者每天用 4 分钟时间，观赏医院外侧由小型瀑布和水池等构成的生物景观。

结果显示，**让患者身心放松的副交感神经变得更活跃，而促使他们产生压力的交感神经则受到了抑制。**

同样，研究团队让脊髓损伤患者观赏盆栽 1 分钟，然后监测他们的自律神经活动。

结果显示，和上述抑郁症患者一样，他们的副交感神经活动增加，交感神经活动则得到了有效抑制。

此外，这些患者的脑部活动稳定，呈现出极其放松的状态。

●园艺可以减轻压力，改善抑郁状态

受新冠肺炎疫情影响，很多人不能外出，只能待在家里自娱自乐。培植家庭菜园或花园是绝佳的室内活动，研究表明，**园艺有缓解压力的作用。**

挪威东南大学冈萨雷斯团队的研究认为，沉浸于园艺活动可以分散注意力，不再为现实问题烦扰。

在团队组织的为期 12 周的园艺活动中，实验对象的抑郁状态得到改善，郁闷的情绪减少，注意力变得集中，社交欲望也得到提升。

●在桌上放置小型观赏植物能缓解压力

如果你工作繁忙，又深感压力，可以在桌上放置一些能让你体验到自然气息的小型观赏植物或盆栽，这样也能有效缓解疲劳。

要是没有时间出门体验森林浴，可以在目之所及处摆放一些花花草草，这样可以大大缓解你的压力。

不管是生物景观还是园艺，小型观赏植物还是盆栽，都能让你在家中或办公室里得到放松。

休息日 96

每周一次，日行五善

效果：提升成就感和幸福感

——加利福尼亚大学柳博米尔斯基团队的研究

●做多少好事才能缓解压力?

古人教导我们要“日行一善”，如果想有效缓解压力，可以对这句话稍加改动。

“每周一次，日行五善”可以成为现代生活中缓解压力的方法。

加利福尼亚大学的柳博米尔斯基团队做了一项实验，研究“一个人为他人做了好事后会有什么样的变化”。

实验对象需要“每周做五件好事，坚持六周”。具体的频率可以是一天五次，可以是三天五次，也可以是七天五次，只要做到每周至少五次即可。

好事的内容不涉及金钱，可以去当志愿者清扫街道或献血，对象可以是朋友或者完全不认识的陌生人。

●最有效的方法是“每周一次，日行五善”

结果显示，六周后，**与没做好事的人相比，做好事的人幸福感更强。**

需要说明的是，并非每种频率都会带来同样的幸福感。实验表明，**每周只用一天时间集中做五件好事，幸福感最强。**

为什么不是“日行一善”呢?

如果每天都做好事，大脑就会产生反作用。一旦做好事变得程序化，大脑就不会再得到相应刺激。也就是说，大脑会因此被“驯化”，将善举视为理所当然。这样一来，幸福感自然就会降低。

如果你想缓解压力，可以选择“每周一次，日行五善”的方式。将好事集中在一天内完成，不但能收获成就感，而且因为不是每天都做，所以更容易获得幸福感。

“每周一次，日行五善”能让人感到幸福

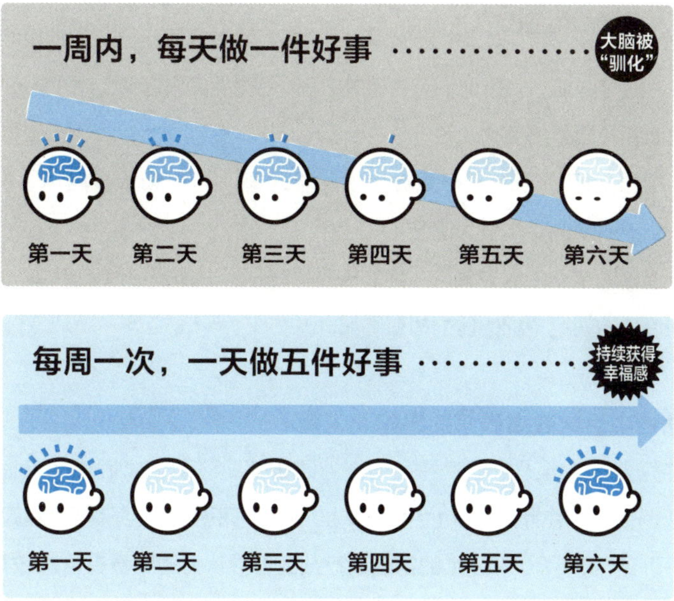

“每周一次，日行五善”
能让你比别人更容易获得幸福感。

第七章

休息日

97

接触动物

效果：提升幸福感，缓解抑郁

——卡罗林斯卡学院彼得松团队的研究

●接触动物能增加 5-羟色胺、催产素的分泌

对于备受人际关系困扰的人来说，“接触动物能增加 5-羟色胺、催产素等‘快乐激素’的分泌”称得上是一剂强心药。

卡罗林斯卡学院的彼得松团队让 10 名实验对象和自己养的狗接触 60 分钟，通过验血，观察他们与狗接触之前、接触期间和接触之后体内的 5-羟色胺和皮质醇的变化。

结果显示，体内催产素最少的实验对象，与狗频繁接触后，5-羟色胺和皮质醇的变化最为明显。

遗憾的是，接触越频繁，狗的皮质醇就分泌得越多。也就是说，人在得到治愈的同时，狗的压力却在增加。

●动物中治愈效果最好的是狗

美国将这类人与动物的互动称为动物辅助活动（animal-assisted activity）或宠物疗法（pet therapy），并将它积极推广到了医疗实践中。

研究表明，**90% 以上的德国医疗从业者都认为动物具有治愈效果。**

其中，治愈效果最好的是狗。麻布大学菊水团队的研究认为，狗不仅可以刺激人类分泌催产素，而且为了早晚带狗出去散步，人晒太阳的时间会增加，从而分泌更多的 5-羟色胺。

不仅如此，**狗会让主人更加注意生活规律，为轻松分泌 5-羟色胺提供了良好的外在条件。**

●遛狗时搭讪，成功率会提高两倍

最后介绍一下布列塔尼南大学盖冈和奇科蒂的研究成果。

他们的研究显示，相比一个人走路时和异性搭讪，遛狗时和异性搭讪要到异性电话号码的概率更高，**是前一种情况的三倍。**原因可能是亲近动物的人会让人觉得可靠，从而放下戒心。

接触动物的时间越多，越能获得幸福感

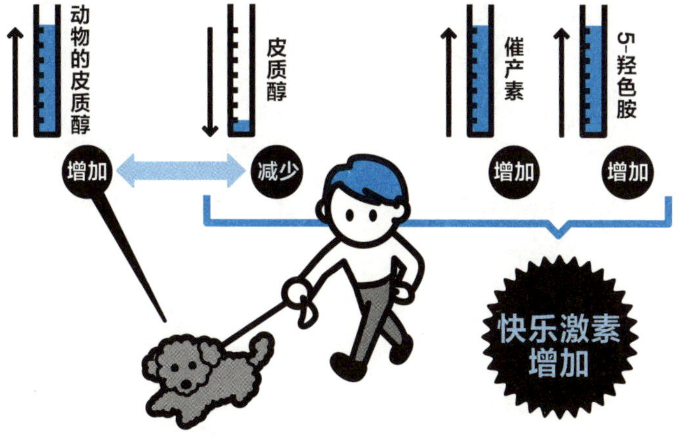

如果你平时觉得抑郁、痛苦，可以多接触动物。

休息日 98

扩大交友范围

效果：增强忍耐力，减少痛苦

——牛津大学约翰松和邓巴的研究

●交友范围越广，忍耐力和自我治愈能力越强

牛津大学约翰松和邓巴的研究认为，交友范围越广，忍耐力和自我治愈能力就越强。

该研究的目的是观察人在社会交往和交流中，如何促进大脑分泌具有镇定作用的神经递质**内啡肽**，以及它给人体带来的变化。

约翰松和邓巴假定“朋友越多，内啡肽分泌得越多，自我治愈能力越强”。他们选取了 107 名 18~35 岁健康的实验对象，对他们进行研究。

研究人员测试了每个实验对象的性格倾向（外向型、协作型、开放型、诚实型、神经质型），并通过问卷调查，了解了他们每月或每周利用邮件、社交软件、电话与外界沟通的频率，以及长期保持联系的朋友数量及亲密程度。

然后，研究人员让实验对象坐“空气椅”（像坐在椅子上一样将膝盖弯曲 90 度，尽可能久地保持这种姿态），测试他们能忍受多久这样的痛苦。

结果显示，**坚持越久的人，交友范围越广。**

●交友的“数量”和“质量”哪个更重要?

有的人并不重视交友的“数量”，而更重视交友的“质量”。

京都大学的内田团队将人际关系的类型分为以扩展人际关系为目的的“开放型”和以维持现有稳定关系为目的的“维持型”。

调查显示，前者的交友数量和后者的交友质量都和满足感有一定的关系。拥有“开放型”人际关系的人有更强的满足感。

交友可以缓解不安和压力。要想挖掘自己的潜能，可以扩大交友范围，以此提高忍耐力和对他人的信赖度。

朋友越多，忍耐力越强

为了增强满足感，可以扩大交友范围。

牵手

效果：提升共情力，减少痛苦

——科罗拉多大学戈尔茨坦团队的研究

●只要互相触碰双手，就能缓解疼痛

如果恋人或伴侣因矛盾而产生不愉快，有时可能连冷静地交流都难以做到。

如果事态向着坏的方向加速发展，双方的压力都会达到峰值。要想化解矛盾、重归于好，不妨有意识地牵手。

“救治”一词在日文中写作“手当”，有人认为它指的就是“通过手的接触来治疗”。科学研究已经证明，**互相触碰双手就能减少痛苦。**

科罗拉多大学的戈尔茨坦团队将 18 对恋人分为三组，分别按以下条件进行实验：

第一组 牵手

第二组 没有肢体接触，各自坐下

第三组 分别待在不同的房间

实验中，研究人员让一部分女性的手腕受热至产生痛感，过程持续 120 秒。接着，测试每对恋人的脑电波，研究他们 α 波的同步性、共情能力以及疼痛反应。

结果显示，**只要参与实验的恋人牵着手，他们的共情能力就会增强，而女性手腕的痛感则会减弱。**

在感到疼痛的时候牵手，两人的共情程度会大幅增强。也就是说，**相爱的人只要牵手就能分担痛苦，减少疼痛的感觉。**

●如果同伴之间出现矛盾，通过牵手就能缓解

人是一种通过共情与他人交往并共同生活的社会性动物。

与同伴出现矛盾时，牵手就能缓解。

本书第 186 页提到，杨百翰大学的霍尔特-伦斯塔德团队认为，同伴之间的身体接触可以增加催产素。催产素能激发温柔的情感，是一种能缓解压力的激素。因此，牵手很有可能会避免最坏的情况发生。

牵手能分担痛苦、减少疼痛

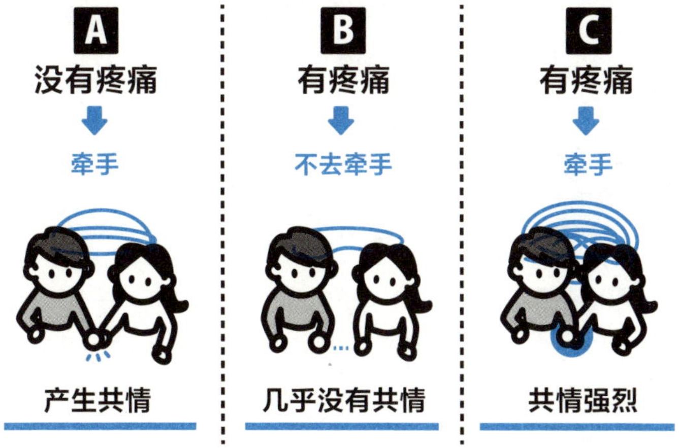

牵手可以给予家人、恋人和同伴勇气。
有矛盾时，牵手能避免事情向最坏的方向发展。

第七章

休息日 100

结交幸福的人

效果：提升幸福感

——爱知医科大学松久团队的研究

●与幸福的人做朋友，自己也会幸福

和幸福的人在一起，你也能够感受到幸福。爱知医科大学松久团队的研究认为，拥有幸福的朋友，我们的幸福感会明显增强。

松久团队要求实验对象列举自己人生中可能会发生的事，然后想象这些事发生后自己的心境，以及幸福感的强烈程度。

结果显示，**想象与幸福的人成为朋友，实验对象的幸福感会明显增强。**的确，如果想象身边有幸福的朋友，那么自己也会感到幸福，心情也会变得积极向上。

然而，我们如何才能交到幸福的朋友呢？如果知道这一点，人就不会经历那么多磨难了。

●什么可以使人感到幸福？

哈佛大学从 1938 年就开始了历时 75 年的“哈佛成人发展研究项目”。该项目分别对哈佛毕业的男性与在波士顿生活的贫困男性进行追踪调查，以此研究影响幸福感的因素。

针对“幸福与头脑聪明有关”的观点，研究结果显示，智商测试平均成绩 110~115 分的男性（一般认为 120 分以上属于高智商）与 150 分以上超高智商的男性几乎没有收入差距，他们的幸福感也并不与智商成正比。

参与该研究 30 年以上的魏兰特认为，**无忧的晚年生活、健康的身体与良好的人际关系才是幸福不可或缺的条件。**

75 年的研究成果其实只得出了一个简单的结论：“幸福就是爱，除此无他。”也就是说，有爱便是幸福。

●幼年时期与母亲的关系会影响收入与健康

值得关注的是，幼年时期和母亲保持良好关系的男性年收入要比和母亲关系不好的男性高大约 900 万日元（约合人民币 44.7 万元）。

此外，**幼年时期和母亲关系不好的男性，老年患阿尔茨海默病的可能性明显更大。**

母亲的爱会对我们今后的工作和健康产生影响。不管多大年纪，都不要忘记关爱自己的母亲。

让人感到幸福的是什么？

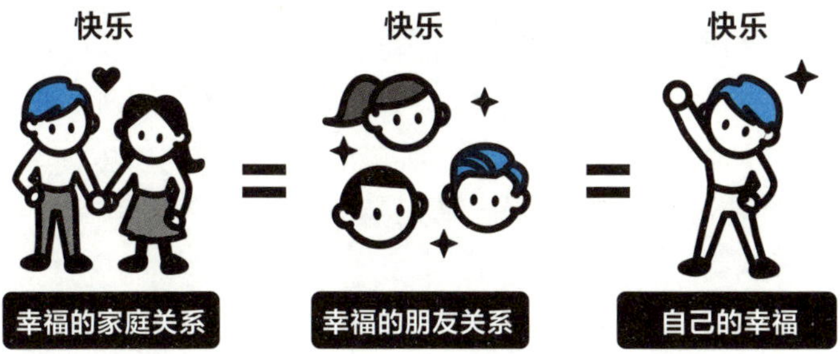

与幸福的人交往，关爱自己的母亲，自己也会变得幸福。

专栏七

非语言信息：减少人际关系中压力的因素

交流并非只能通过语言传达的信息实现。对此，不同的学者有不同的观点，不过著名的麦拉宾法则告诉我们，凭语言传递的信息大约只占10%~30%，其余信息则通过表情、音调、肢体动作、视线、语气等语言外的东西呈现。

可以用语言表达的信息被称为语言信息，而表情、音调等无法用语言表达的信息则被称为非语言信息。说“谢谢”时，面带笑容、充满朝气的姿态与低头、小声的表达所传达的信息是否相同？

实际上，表情、音调等非语言信息作用很大，通过语言外的手段表达心情也非常重要。

近年来，人们在社交平台上日益活跃，非语言的交流也随之增加。作为非语言信息的符号、图像、表情包等快速发展。

随着居家办公的迅速普及，线上会议、商谈骤增。虽然可以通过视频软件对话，但和现实中的交流相比，仍存在非语言信息不足、交流不畅等问题。

线上交流的增多促使传递非语言信息的手段和技术不断发展。无论是现实中的交流还是线上交流，只要有意识地传达和利用语言外的信息，就能构筑和谐的人际关系。

《如何轻松过一天》关键词词典

5-羟色胺：一种脑神经递质，与情感、精神的稳定及情绪的控制等密切相关。当5-羟色胺分泌不足时，大脑调节神经的机能就会下降，心态也会失衡。

安慰剂效应：原指将没有药效的假药当真药给患者服用，告诉患者这是真药，让原本无效的假药产生了真药的效果。也可以指在实验中通过暗示，让原本无效的东西在实验对象身上产生效果。

巴纳姆效应：适用于任何人的模糊表达，往往会让人觉得说的是自己。

蔡格尼克效应：人更容易记住没做完的事。当一件事没做完时，在蔡格尼克效应的影响下，没有完成的记忆会深深印入大脑。某些网站免费提供漫画或小说的开头，就是为了创造一种未完待续的状态，唤起你继续看下去的欲望。

参照点：人们用来认知和形容特定对象的基点。参照能力也是人的基本能力之一。

沉没成本：不可能回收的时间或资本。在协和式超音速客机的研制阶段，人们投入了大量的金钱和时间，但它在商业领域以失败告终，因此沉没成本也被称为“协和式效应”。

催产素：一种被称为“快乐激素”或“爱情激素”的肽类激素。受到愉悦的感官或心理刺激时就会分泌。

放松训练：用意念克服压力、痛苦和不安，包括冥想法、呼吸法、瑜伽、太极拳等需要有意识呼吸的训练。

愤怒管理：预防、管理愤怒情绪的心理疗法，也指正确管理、分散怒火的专业训练。

睾丸素：一种促进男性肌肉和骨骼发育，使男性具备生殖能力和男性气质的激素，对女性的身心健康也有影响。数据显示，70% 以上的抑郁症患者都有睾丸素不足的问题。

工作记忆：在工作中对必要的信息进行临时贮存和处理的记忆系统，与大脑前额叶有密切关系。

互惠效应：根据对方展现的态度，我们也会以同样的态度反馈对方，包括好意、敌意、让步、自我展示等。

交感神经、副交感神经：交感神经活跃时，人会产生紧张、兴奋等心情；副交感神经活跃时，心率会降低，人会放松下来。

默认模式网络：大脑放空或停止思考时自发活动的部位。用车来比喻的话，相当于汽车怠速状态时运转的部件。

模式性格论：认为人的性格并非一成不变，而是会根据环境与交流对象改变或调整。

内啡肽：一种被称为脑内麻药的神经递质，可以起到镇定效果，也可以使人心情亢奋，产生幸福感。

逆火效应：当自己的意见、情感被否定或被指出有误后，反而比以前更加执着。

旁观者效应：看到有人需要帮助时，心想"肯定会有人去帮"，因而没有伸出援手。在场的人越多，旁观者效应越强。

皮质醇：在压力作用下由肾上腺皮质分泌的激素，也被称为"压力激素"。压力强度不同，分泌量不同。

亲社会行为：帮助他人、对他人表现出积极的善意，对自己并无好处，但自觉自愿采取的行为。

认知失调：正如脑中想戒烟，现实中却没能戒烟，人都会有矛盾的认知，并因此感到不快。

"如果……那就……"计划：一种假设法。提前确立规则，难以抵挡诱惑或不安时，可以采取这个计划，从而使目标更容易实现。

社会比较：通过与他人比较来确定自己在社会中的位置。一个人要想得到正确的自我评价，就需要进行社会比较。

现状偏见：对现状感到满意，抗拒甚至想逃避改变。相比通过改变拥有新的收获，更担心失去现有的东西。

消极偏见：相比积极的信息，更容易关注消极的信息。对消极的体验和记忆更敏感，更容易记住。

心理逆反：自由受到外界威胁或限制时产生的希望恢复自由的反抗心理。

心智理论：对于人类及灵长类动物的行为，能够预测、理解或解释其背后的心理状态。如果一个人的此种能力不够发达，他就很难想象别人的内心世界。

驯化：大脑由于受到反复刺激，对该刺激的反应变得迟钝。如果经常听到警报声，那么每次听到这种声音时就不会过于惊讶。

言语行为论：某些话语伴随着相应的行为。比如，说出“早上好”就是做出了“寒暄”的行为。

元认知：对自己认知活动（包括知觉、记忆、学习、语言、思考等）的自我意识。

整体性：无论是欢喜还是悲伤，好事还是坏事，积极事物还是消极事物，全部都可以接受、整合并处理。

证实偏差：觉得自己的某个观点正确，于是只接收支持这个观点的信息，就会形成证实偏差。

自动思维：和外在情况无关，随机涌入大脑的想法。消极的自动思维往往与焦虑症、抑郁症有关。

自我认知偏差：别人明明没有在说你，你却觉得说的就是你。自我认知偏差可能会引起自我意识过剩或被害妄想症。

自我设限：设立防线，预先寻找失败的理由，相当于给自己设置障碍。这样一来，如果真的失败，罪恶感或自卑感就会减轻。

扫码查看本书参考文献